全解家装图鉴系列

一看就懂的装修设计书

理想·宅 编

中国电力出版社
CHINA ELECTRIC POWER PRESS

内容提要

家居设计是令家居空间呈现不同风貌的手段，好的家居设计不仅能体现出居住者的爱好、品位，而且还可以令居住者享受到便利的生活方式。本书为图文形式，从家居设计入手进行章节划分，每章先总体概述家居设计的基本信息，接下来分节介绍具体家居设计的相关内容，包括常识性介绍、色彩搭配、照明设计、家居收纳等问题，并用室内实景图片加点评的形式，将设计理念与家居装修完美结合，使读者阅读起来更加直观明了。

图书在版编目（CIP）数据

一看就懂的装修设计书 / 理想·宅编 . — 北京：
中国电力出版社，2016.1（2018.5重印）
（全解家装图鉴系列）
ISBN 978-7-5123-8357-9

Ⅰ . ①一… Ⅱ . ①理… Ⅲ . ①住宅－室内装修－建筑
设计－图解 Ⅳ . ① TU767-64

中国版本图书馆 CIP 数据核字 (2015) 第 231992 号

中国电力出版社出版发行
北京市东城区北京站西街19号　　100005　　http://www.cepp.sgcc.com.cn
责任编辑：曹 巍　　责任印制：杨晓东　　责任校对：常燕昆
北京盛通印刷股份有限公司印刷·各地新华书店经售
2016年1月第1版·2018年5月第4次印刷
710mm×1000mm 1/16·14印张·350千字
定价：48.00元

前言

　　相信很多人都听过这么一句话："装修一套房子，感觉像扒了一层皮。"无论是对于业主还是从业者来说，装修过程永远充满了各种选择、焦虑和遗憾，以及由此而来的不满、懊恼等负面情绪。业主担心的永远是自己的房子是否能够保质保量地装好，而施工方永远觉得业主什么都不懂，瞎指挥。其实，如果业主能够懂一些装修知识，不仅能够很好地监控自己家的装修质量，而且在具体实施过程中，也能够做到有的放矢！

　　装修并没有想象中的那么难，只要抓住了整个过程中的核心环节和必要内容，相信整体装修过程必然不会出现太大的问题！设计、选材和施工是家庭装修中的重要环节，这三个方面决定了家庭装修的品位、造价和质量，抓住这三点基本上也就保证了家庭装修能够顺利完成。

　　本套书即按照家庭装修的三个重要环节，分为《一看就懂的装修设计书》《一看就懂的装修材料书》和《一看就懂的装修施工书》三本，以总结归纳知识点的形式，分别介绍了家庭装修中的各种实用知识。

　　本套书的编写意在体现一种轻松、快速的阅读体验，没有长篇理论说教，完全以核心、实用的知识点为基本组成内容，配以丰富的内容形式，让读者在轻松的阅读体验中，了解到必要的装修核心知识。

　　参与本套书编写的有杨柳、黄肖、董菲、杨茜、赵凡、卫白鸽、张蕾、刘向宇、王广洋、邓丽娜、安平、马禾午、谢永亮、邓毅丰、张娟、周岩、朱超、王庶、赵芳节、王效孟、王伟、王力宇、赵莉娟、潘振伟、杨志永、叶欣、张建、张亮、赵强、郑君、叶萍等人。

CONTENTS

目录

前言

户型又叫房型，

是指房屋的类型。

常见的户型有平层户型、

跃层户型、错层户型、复式户型；

按照面积又可分为小户型、中户型和大户型。

好的户型一般要求采光好、通风流畅；

朝向的选择通常以朝南最佳。

Chapter ❶
户型设计

小户型设计

两居室设计

一居室设计

复式设计

小户型设计

简洁和实用并存

设计要点

①小户型是一个模糊概念，面积标准各地有所不同，一般界定为 30 ~ 70m²。

②小户型由于空间有限，因此简洁和实用并存是其设计要点。

③适合小户型的风格有现代风格、简约风格、北欧风格等。

④小户型的墙、地、顶设计要点：墙面和顶面避免繁复造型；地面可采用浅色系的釉面砖和玻化砖来为家居环境带来明亮氛围。

⑤小户型软装要点：可以适当运用镜子和玻璃材质，利用软隔断代替实体墙，运用多功能家具等手法来扩大空间感。

一看就懂的装修设计书

浅色调和中间色为小户型的常用色彩

小户型的色彩设计一般可选择浅色调、中间色作为家具、床罩、沙发、窗帘等的基调。这些色彩具有扩散性和后退性，能延伸空间，令空间看起来显得更大，使居室带给人清新开阔、明亮宽敞的感受。

白色调可以令小户型的家居看起来更加明亮、宽敞。

Tips：小户型扩大视野的方法

当整个空间有很多相对不同的色调安排时，房间的视觉效果将会大大提高。但要注意，在同一空间内不要过多采用不同材质及色彩，最好以柔和亮丽的色彩为主调。厨房、卧室、客厅宜用同样色泽的墙体涂料或壁纸，可使空间显得整洁洗练。小户型还可以通过增加采光来扩大视野，如加大窗户的尺寸或采用具有通透性或玻璃材质的家具等。

小户型的家具应灵活且实用

造型简单、质感轻、小巧的家具，尤其是那些可随意组合、拆装、收纳的家具比较适合小户型；或选用占地面积小、比较高的家具，这样既可以容纳大物品，又不浪费空间。

Tips：利用畸零空间为小空间带来新功能

在小空间的家居中因为空间有限，难免会出现一些畸零空间，这时不妨在合适位置或设计一个工作台，或摆放上一个小型书柜等，既避免了多余空间带来的浪费，而且还为客厅注入了新功能。

沙发旁边的畸零空间摆放一个工作柜，合理利用了空间。

小户型收纳技巧

1	**向上发展**：如果房屋高度够高，可利用其多余高度隔出天花板夹层，加上折叠梯作为储藏室。
2	**往下争取**：将床的高度提高，床下的空间就可设计抽屉、矮柜。
3	**重叠使用**：使用抽屉床、可拉式桌板、可拉式餐台、双层柜、抽屉柜等家具，充分利用空间的净高，增加房间的使用面积。
4	**死角利用**：楼梯踏板可做成活动板，利用台阶做成抽屉，作为储藏柜用。
5	**活用墙面**：可以将柜体嵌入墙面，或者利用墙面"挖洞"的方法，来扩大小户型的使用面积。
6	**多层搁架**：搁架是拓展小户型空间最简单的方法，多层搁架的设计可以成为家居收纳的好帮手。

解疑 小户型可以改动空间吗？

小户型的结构一般都比较复杂，很多业主不管结构如何，盲目地把承重墙、风道、烟道拆掉，或者做下水与电、气的更改。这样做，轻则会造成节点，产生裂痕，重则会影响整栋楼的承重结构，缩短使用寿命。因此小户型装修最好不要擅自改动空间，如果不得不对空间进行改动，则需要请专业人士来对户型进行评估。

一居室设计

合理利用空间

 设计要点

①一居室即为一室一厅，包括一室、一厅、一厨、一卫；适合的人群为单身及新婚夫妇。

②一居室设计需要合理利用空间，满足多种功能。

③适合一居室的风格有现代风格、简约风格、北欧风格、田园风格等。

④一居室的墙、地、顶设计要点：墙面避免繁复造型，可选择一面墙来作主题墙设计；地面可采用木地板来增加温暖质感；顶面造型也不宜过于复杂，可用灯光调整氛围。

⑤一居室软装要点：尽量运用布艺织物来柔化空间，如小面积铺设地毯，在沙发上摆放色彩跳跃的抱枕等。

一居室的家居配色应结合适用人群设计

一居室根据居住人群不同，在色彩设计方面也略有不同。单身人士大多采用浅色系或中间色，来塑造出明亮、开阔的氛围；也可以根据自身的喜好，来选择适合自己的家居配色；而新婚夫妇作为过渡房，在色彩设计上，可以采用温馨色彩，如黄色系、粉色系等。

新婚夫妇采用橙黄色系的壁纸装饰家居，显得十分温馨。

单身贵族运用灰白色系装饰家居，显得整洁而明亮。

一居室的家具选择要简而精

　　一居室的家具不宜过多，满足基本生活需要即可。例如，沙发可选择简单的双人沙发，也可以运用 L 形沙发作为空间软隔断，分隔出一个小餐厅，或阅读空间。另外，家具是否具有强大收纳功能，也是一居室选择家具的要点。

TIPS：运用隔断实现一居室的透光性及隐密性

　　一居室设计要兼顾透光性及隐密性，可以运用隔断来完成。例如，运用橱柜作为隔屏，在隔出其他空间的同时，还要尽量使用透光的质材，如雕花玻璃、毛玻璃、彩绘玻璃等，不但可以透光，令室内更明亮，而且可以让视觉有延展性，使室内更显宽敞。至于居室的隐密性，也是这类透明隔间设计必须兼顾的重点，可以在玻璃外加上布幔或百叶帘等。

利用沙发分隔出一个小型阅读区，并靠墙设计书架，令空间功能多样化。

解疑　一居室如何营造家居动感？

　　一居室的家居需要营造家居动感，否则会流于单调乏味。"动"起来的一方面是要做出层次感，可以用色彩来制造，比如在墙的颜色上做文章，深浅搭配，这样能给人带来视觉上的差异感。另外，还可以尝试做局部吊顶，这样不仅可以隐藏线路，还可制造出高低不等的视觉感。另一方面是空间要有灵动之感。玻璃是"法宝"之一，巧妙地利用玻璃，不仅能弥补采光不足，而且可以让空间富于变化。同样，用纱幔、百叶等做软隔断也会让一居室充满灵动之气。

两居室设计

加入社交功能

①两居室泛指拥有两个卧室的房间，户型包括两室一厅和两室两厅。面积大致在 50 ~ 100m²，适用居住对象为新婚夫妇、三口之家或儿女已成家的中年夫妇。

②两居室的家庭一般都会有较多的社交活动，可以在餐厅或空余地带，设计吧台等带有聚会功能的家具。

③适合两居室的家居风格多样，现代风格、简约风格、新中式风格、简欧风格等均适用。

④两居室的墙、地、顶设计要点：两居室的"三大面"设计多样化，主要根据业主需求来选择。合理搭配材料、和谐配色、适当地家具布置依然是其设计要点。

⑤两居室的软装要点：两居室中的软装配饰应和家居风格相协调，可以多用 DIY 设计。

两室一厅的设计强调实用与温馨

两室一厅的户型，面积通常不大，多为年轻夫妻居住，设计上重点强调实用与温馨。可以利用软隔断来分隔出更多的使用空间，色彩上可选择糖果色来体现充满活力的家居氛围。另外，可以将一间卧室设计成书房兼卧室的形式，平日作为工作之地；父母来时，则作为临时客房。

兼具书房与休息功能的卧室，令家居功能更加完善。

两室两厅应加入儿童成长空间

两室两厅的户型是最为常见的，多为三口之家居住。因此应更多考虑加入儿童的活动空间。设计之初应该多些留白空间，以满足日后孩子成长的需要。另外，可以单独留出一间卧室作为儿童房，按照儿童房讲求活泼、安全的理念进行设计。

两室两厅的居室中家具摆放很少，为孩子预留了大量活动空间。

两室两厅空间分配建议

1	两室两厅的大厅较宽大，此厅多设计成会客厅。
2	另一较小面积的厅可设计成餐厅，此餐厅可以作为一个多功能综合活动室，兼做酒吧、会客、休闲之用。
3	面积较大的卧室为主卧室，可以在主卧室中加入书房功能。例如，设计一处写字台，或者摆放一个造型简洁的书架。
4	面积较小的卧室为次卧室，可以作为书房、儿童房或客房等，可以根据实际情况设计。
5	厨房中可以设计简单的吧台，方便朋友小聚。

解疑 二居室的各个空间如何合理分配？

两室两厅中如果餐厅位置比较理想，不是在进门处，则可以直接将餐厅封成一个房间，这是最简单的一种办法。用餐要么就在客厅，要么在厨房中腾挪一个地方。如果客厅较大，则可以将客厅的一半和阳台密封起来做一个房间，留一半空间继续当客厅。此外，还可以打卧室的主意，比如将次卧和餐厅各隔出一部分来，增加一个房间；或者把客厅和最里面卧室连接的墙打掉一半，然后将卧室的门向里挪一点，这种向卧室借空间的改造方法也不错。但是在改造的过程中，有一个原则需要注意：千万不要动承重墙，否则会影响到整个大楼的使用安全。

三居室设计

功能分区更合理

 设计要点

①三居室泛指拥有三个卧室的房间，户型包括三室一厅一卫和两室两厅两卫。面积大致在 90 ~ 140m^2，适用居住对象为新婚夫妇、三口之家或三代同堂。

②三居室一般拥有充裕的面积，因此更注重合理划分功能区间。

③几乎所有的家居风格都适合三居室，喜欢简洁风的业主可以选择简约风格、北欧风格等；喜欢自然风的业主可以选择田园风格和乡村风格；喜欢复古风的业主则可以选择中式风格和欧式风格等。

④三居室的墙、地、顶设计要点：可以根据自身喜好和家居风格的特点来设计三大面。主题墙的设计在三居室中显得更加重要，可以为家居设计增彩。

⑤三居室的软装要点：软装选择可以更加丰富，除了小型工艺品，也可适当加入体积较大的装饰物件。

三居室设计更注重家人感受

三居室具有较充裕的居住面积，在布置上可以按较理想的功能划分居室空间，即起居室、休息区、学习工作区，各自相互独立，不再彼此干扰。布局方式、色彩和形式也较为自由，家庭成员可以按自己的喜好布置各自的房间，对起居室可结合全家人的心意共同设计。居室的具体安排应结合实际的居住人数来考虑。

三居室的空间划分更加合理、明晰。

Tips：三居室设计要繁简恰当

三居室的装修相对高档，却并不意味要装得太满，该简处要简，该繁处须繁。如储藏空间大一些，洗衣、洗澡、做饭、冷藏等生活设施的设置要齐全并具备一定档次。而居室墙面设计，除了主题墙，其他墙面设计以简洁为宜，不要添得过满，不妨留点白。

体现审美情趣是三居室不同于其他房型的特点

　　三居室适合各类家庭居住，住户年限大部分较长，装修时一般要体现业主地位和实力，所以对风格比较重视。特别是三室二厅的装修，要更重视气派和美观，突出风格，体现业主的审美情趣，这是不同于其他房型的一个特点。

三室一厅一卫空间分配建议

1	三室一厅中的大厅主要设计为会客厅，作为日常接待亲朋好友之用。
2	面积较大的卧室为主卧室，可以在其中增加休闲功能，如打造带有休憩功能的飘窗，在室内摆放休闲座椅等。
3	面积居中的卧室可以设计成儿童房，根据儿童的年龄阶段进行不同设计；如果是和父母同住，则可以设计为老人房。
4	面积最小的卧室一般作为书房加客房使用，如果是三世同堂，则把这一间设计为儿童房。
5	如果家中居住的人口较少，还可以把面积最小的卧室设计成一个单独的用餐空间。
6	如果没有多余的空间做餐厅或者不想在客厅中划出餐厅，则可以考虑打造一个餐厨一体的厨房。

三室两厅两卫空间分配建议

1	三室两厅中的大厅同样设计为会客厅，兼具视听功能；且大多增设玄关。
2	三室两厅中，小一点的厅主要作为餐厅之用。
3	面积较大的卧室为主卧室，一般这间卧室会带有卫浴，可以设计成主卫。如果面积足够大，还可以隔出一个衣帽间。
4	面积居中的卧室同样设计为儿童房、老人房或书房。
5	面积最小的卧室可作为书房、客房或儿童房；如果居住人口较少，还可以单独设计成休闲区，如茶室等。
6	厨房中可以加入岛台设计，令烹饪时更加便捷。
7	除了主卫，剩余的卫浴间作为客卫，客卫的设计，以耐用为主。

跃层设计

套房屋占用两个楼层

设计要点

①跃层在定义上是指一套房屋占用两个楼层，层高约5.6m，上下两层完全隔离，两层之间的交通不通过公共楼梯而采用户内独用的小楼梯连接。

②跃层多见于多层住宅的最高层房屋设计。

③选择跃层户型的一般为年轻业主，在风格上倾向于现代风格、简约风格、田园风格，以及地中海风格。

④跃层在首层一般安排起居、厨房、餐厅和客卫，条件允许，还会有一间卧室，二层安排卧室、书房、主卫等。在装饰档次上，要根据不同需求、不同身份进行设计，突出重点。一般主卧室、书房、客厅、餐厅要豪华一些，客房、佣房则应简洁一些。

⑤面积计算：其建筑面积或使用面积均是两层的建筑面积或使用面积之和，这点和复式有着明显的区别。

跃层住宅的功能要齐全，分区要明确

跃层住宅有足够的空间可以分割，可按照主客之分、动静之分、干湿之分的原则进行功能分区，满足业主休息、娱乐、就餐、读书、会客等各种需要，同时也要考虑外来客人、家佣、保姆等的需要。另外，功能分区要明确合理，避免相互干扰。一般下层设起居、烹饪、进餐、娱乐、洗浴等功能区，上层设休息睡眠、读书、储藏等功能区。卧房又可以设老人房、儿童卧室、客房、佣房等，以满足不同需要。

跃层住宅在分区上更加明确、合理。

跃层户型优缺点对比

优点	◎拥有较好的采光面，提供优质的采光、通风效果。 ◎户内面积较大，布局紧凑，可满足不同需求人群住房需求。 ◎功能明确、齐全，上下层隔离，相互干扰较小。
缺点	◎户内楼梯要占去一定的面积。 ◎二层一般不设有通口，发生火灾时，不易疏散，存在安全隐患。 ◎上下楼对于老人、儿童不方便。 ◎跃层住宅面积一般较大，房屋总价较高。

利用中空设计的客厅凸显跃层住宅的尊贵

跃层住宅中一般客厅部分都是中空设计，使楼上楼下有效结为一体，有利于一楼的采光和通风效果，更有利于家庭人员间的交流沟通，也使室内有了一定的高差。正由于有了足够的层高落差，设计时要注意彰显出豪华感。例如，在做吊顶时，可以选择一些高档的豪华灯具，以体现主人的生活和思想的品位。

楼梯是跃层住宅的点睛之笔

楼梯是跃层住宅装修中的一个点睛之笔，一般采用钢架结构，玻璃材质，以增加通透性。为了节约空间，其形状一般为U形、L形；但S形旋转楼梯则更有弧度韵味，具备现代感，空间也变得更加紧凑。在楼梯下的空间装饰几盆花卉盆景、饲养虫鱼，无不令空间更富有活力和动感。在楼梯的色彩上，忌过冷或过热的色调，最好为冷暖色的自然过渡；往往与扶栏的色彩相互匹配，相得益彰。

中空设计的客厅令居室更加开阔，也更具设计感。

S形的旋转楼梯为居室带来律动感。

复式设计

层高较高的房屋变成两层

 设计要点

①复式起源于跃层，是指在比较高的房子中，局部夹一层，变为两层较低的房子。复式的层高一般在 3.6 ~ 5.2m。

②复式住宅的层高仅是稍高于普通住宅，而上下两层各自的层高则低于普通商品房；复式通常是小户型，或者说是复式公寓，面积大致在 30 ~ 50m²。

③复式住宅在风格上选择十分多样，如现代风格、简约风格、中式风格、欧式风格等均适用。

④复式房型中，高的部分通常做起居室，低的部分做餐厅、厨房、卧室、卫浴等，有内部楼梯。

⑤面积计算：复式中低于 1.5m 的夹层不计入使用面积，只计算一层使用面积。

复式住宅的墙面要突出设计感

由于复式住宅的墙面较高，如果设计过于简单，整个居室会显得单调。因此可以用不同的装饰材料来对墙面进行装饰，令墙面显得独特，由此凸显出业主的品位。尤其是电视背景墙，可以重点打造，如设计一个展示架，或者用两三种材料做出造型。

由于电视背景墙的配色十分简单，因此在一侧设计一个小书架来丰富墙面内容。

复式户型优缺点对比

优点	◎平面利用系数高，通过夹层，可使住宅的使用面积提高50%～70%。 ◎户内的隔层可为木结构，将隔断、家具、装饰融为一体，降低了综合造价。 ◎适合大家庭居住，既满足了隔代人的相对独立性，又达到了相互照应的目的。 ◎上下两层有视线联通，空间具有开阔感。
缺点	◎复式住宅不是真正意义上的两层空间，通过夹层设计势必会对住宅层高造成一定的影响。 ◎楼梯设计尤为费心，因空间开阔，需设有必要的防护措施，对于老人、儿童生活具有潜在危险性。 ◎复式装修大部分依赖木质装修材料，隔音性能差、防火效果不佳。

复式客厅应分区明确

对于复式户型来说，最大的特点在于用楼梯将两层楼连接为一体，并将客厅有效利用，令客厅显得更加通透、宽敞。由于客厅空间较大，因此对客厅的功能要进行明确分类，空间划分也需清晰合理，由此带来便捷的居家生活。

客厅分区明确，并在楼梯处设计一个吧台，令空间功能更加丰富。

Tips：复式空间需要用明显装饰品来装饰

宽敞的复式空间需要用看起来明显的装饰品进行装饰，才能够令空间显得更加充实。例如，可以用大型字画，或阔叶绿植，都能够令居室显得生机盎然，充满家的感觉。

复式配色应简洁

复式注重空间的色彩搭配，要尽量简单一些。例如，可以选择一个大的基本色，再选择与其接近的颜色进行搭配。一般情况下，装修的颜色不要超过三种，这样才能显得更加协调。同时，为了令复式空间的色彩更加充实，光照更加充足，还可以利用灯光来辅助配色，如可以选择暖黄的灯光，来增加居室温馨感。

以黄色系为大的基本色，令复式家居呈现出一派暖意。

错层设计

一套住宅内各种功能用房位于不同平面

 设计要点

①错层是指一套住宅内的各种功能用房在不同的平面上，用 30 ~ 60cm 的高度差进行空间隔断。

②错层空间层次分明、立体性强，但未分成两层，适合 100m² 以上大面积住宅装修。

③错层住宅在风格上选择多样，如现代风格、简约风格、中式风格、欧式风格等均适用。

④错层住宅的空间高差主要体现在客厅和餐厅之间，有时也会体现在入门玄关和客厅之间。

⑤面积计算：错层住宅和平面住宅面积的计算方式相同。

错层户型优缺点对比

优点	◎通过不同层面布局，提升室内空间层次变化。 ◎一层平视可看到二层，是压缩了的复式。 ◎平面住宅的面积计算，但拥有享受立体生活的生活空间。
缺点	◎木造住宅设计时施工困难，钢筋混凝土造时也有浇筑的困难。 ◎结构不利于抗震要求。 ◎小户型无法施展才华，仅适合于层数少面积大的高档住宅。

错层在色彩上追求风格统一

大部分错层处于居室中心位置，很多情况下起到了客厅与餐厅隔断的作用。因此，错层的色彩应该与客厅保持协调一致，这样居室的整体效果会好一些。当然，错层设计不妨别致一些，让这一块空间成为居家空间的一个亮点。比如，可以考虑将这部分空间做绿化处理，在错层附近摆放一些绿色植物，这样可以把视觉吸引到空间上而不仅限于地面。

空间配色统一，在角落处利用绿植和装饰物来丰富居室容颜。

错层部位的处理很重要

错层结构的户型视觉通透，空间的立体感增强，因此错层部位的处理尤为重要。常见的做法有如下三种：一种是采用铁艺栏杆装饰错层，这种风格大方，且不占用空间、不影响采光；第二种是一半采用玻璃隔断，一半采用地柜或者楼梯栏杆，这种风格比较实用；第三种是设计一个小吧台，这种风格时尚感强，可以充分展示出业主的个性。

利用玻璃隔断作为错层分隔，令空间显得更加通透。

错层装饰设计应人性化考虑

错层的装饰不可忽视安全问题，应从人性化角度考虑布局和设施。首先，从材料上讲无论是选用木质的、玻璃的还是铁质的，都不能忽略所选择材料的安全性，其安全性主要指是否有污染和材料是否光滑两方面；其次，如果家里有老人和孩子，一定要特别注意他们上下错层时的安全问题。

错层的楼梯依墙设计，老人和儿童行走时墙可以作为扶手，在一定程度上增强了安全性。

别墅设计

功能分区强，装修个性化

设计要点

①别墅是指一栋建筑单独由一户人家使用，通常建在环境优美的地带；有单层别墅、双层别墅及多层别墅之分。

②别墅具有一定的舒适性，面积少则 100 多平方米，多则数百平方米。

③别墅装修要个性化，不应该拘泥于欧式、中式、现代等风格，可以设计成自己特有的风格。

④别墅拥有较齐全的居住功能，功能空间至少包括客厅、餐厅、卧室、厨房、书房、卫浴和室外庭院等。

⑤别墅的功能性区分很强，例如，起居空间与睡眠区的区分、主人房与客人房的区分等，都应体现出区别。

别墅花园设计应与整体风格相协调

别墅中一般都带有花园，在设计时别墅是何种风格，其花园的风格也应该与其统一，这样才协调。比如，中式别墅就适合园林风格的花园，看上去相得益彰；而

别墅花园中的阳台大门和周围的装饰都体现出欧式的典雅。

欧式风格的别墅就与欧式花园配合，才能感觉出欧式建筑的底蕴。当然风格搭配并没有规定，完全不必墨守成规，就好像中式别墅与日式风格的花园相互搭配，也很协调。因此设计的要诀为整体需统一，细部可微调。

别墅装修注重细节设计

由于别墅属于高档装修，因此非常注重细节处理，主要包括各种灯光、椅子、驳岸、花钵、花架、大门造型等，甚至还包括垃圾桶、水龙头的精美设计。另外在整体空间里只有山水、花草、雕塑等是不够的，因为在这个空间里人们要活动，所以把众多小细节进行合理搭配，才是一个完整设计。

楼梯处不仅在顶面做了造型设计，墙面也采用了照片墙来装饰，充分体现出别墅的细节设计。

别墅设计应注重空间整体和局部的把控

别墅的客厅空间较大，是室内重要的休闲场所，也是最突显整体设计风格的地方，因而在设计上，需要着重注意对客厅空间整体和局部的把控。别墅的层高相较于普通住宅要高，在设计上一般都考虑增加辅助照明、灯光处理、墙面修饰、栏板形式和选材等手法来丰满别墅的空间感。

水晶灯的运用不仅为别墅空间带来装饰美，也增加了居室照明。

别墅露台设计的几种方式

用途		描述
用作休憩		由于别墅花园的面积较大，环境也很优美，可以在此摆放上躺椅，或者小沙发，成为日常休憩之地。
用作朋友小聚		在别墅花园中放置餐桌和餐椅，这里就可以成为朋友日常小聚的场所；条件允许的话，还可以在此设置烧烤架。
用作观景		别墅花园是最佳的观景处，可以在此精心设计花圃、水池等小品景观。
用作儿童乐园		别墅花园还可以成为儿童的乐园，最简单的方法就是在此设计一处秋千，可以为家中的儿童带来很多乐趣。

二手房设计

拆改工程尤为重要

 **设计要点**

①二手房是已经在房地产交易中心备过案、完成初始登记和总登记的、再次上市进行交易的房产,适合的人群为单身贵族、新婚夫妇、投资者和养老父母。

②二手房装修进场第一项工作就是拆除,必须考虑房屋的结构安全问题。

③二手房要注意合理规划,尤其要注意电路改造和水暖改造。

④二手房原先的墙面、地面、顶面如果并不破旧,就可以不进行拆改,只做局部调整即可。

二手房墙体改造不可随意拆除承重墙

对于期望通过二次装修改变房子户型的业主来说,墙体改造是最有效的一个手法。如果墙体在结构上实在差强人意,需要拆掉一些墙,将空间重新整合,一定要注意不可拆掉承重墙,改变房屋受力结构,也不可随意在承重墙上打洞或开门,因为这样将带来极其严重的隐患。如果原有墙体较为合理,在二次装修设计时,完全可以用墙面漆、壁纸或壁布,给墙面一张全新的面孔,这样会节省不小的开支。

二手房的墙面利用壁纸重新装饰,为家居环境注入新的容颜。

二手房设计要注重前期布局

二手房装修是一个系统工程，所以装修设计前制订详细的装修计划，十分必要，免得装修过程中增项，或者干一步想一步，没有统筹安排，钱只能越花越多。二手房不同于新房，装修首先要进行拆除工作，但要注意不要把旧的全部砸掉，而且拆除的部分材料是可以再利用的，比如说地板、瓷砖等。

二手房水电改造可考虑节能产品

旧房子存在的电线老化、违章布线等现象，也可以通过二次装修重新更换、改造。装修前，要仔细了解住宅水电管线的铺设方向、位置和管径，并与装修公司沟通改造方案。最好在装修过程中体现节能的理念，比方说水路的改造，老楼的管线分布缺乏合理性，而且厨房、卫生间的水管局限了位置，一旦更改不仅需要更换大部分管材，而且需要合理分割空间位置，这时一定要选择节能产品，比如节水型龙头和节水型卫浴产品等。

二手房拆改设计的五大步骤

1 拆装饰物和木质品。一般先拆除卧室、客厅内所有的装饰物和木制品，装饰物包括暖气罩、木门、吊柜、吊顶、暗柜、石膏线、踢脚线、灯具等，如果有木地板也要拆除。

2 拆除不必要的隔墙。随着隔墙的被拆除，整个空间布局也随之释放出来。基本上隔墙拆除后，就不应该对房间的结构做大的改动了，整个装修的原始空间大致就定型了。

3 铲除墙面和顶面涂料。主要铲除墙面和顶面原有的涂料层。铲墙皮要铲到原始面，即水泥墙或毛坯墙面。一般电路布置都会走墙面，在铲除墙面时一定要注意保护墙面上的电路或者电源。

4 拆除厨卫地砖。在拆除卫浴和厨房时，先拆除卫浴间和厨房的吊顶和橱柜还有洁具，拆除洁具时要把下水道堵好。拆除墙地砖时，先拆除墙砖，接着再拆除所有地砖。卫浴坐便器要最后拆除。

5 检查遗漏。当设备、结构、墙面、卫浴间、厨房都拆除完后，要检查遗落部分并清理。

装修风格是室内装修设计的灵魂，

也是装修的主旋律。

室内风格按地域分，

可以分为东方风格和西方风格。

东方风格一般为中式风格、东南亚风格等。

西方风格一般为欧式风格、北欧风格等。

此外，现代风格、简约风格等，

也是备受大众喜爱的装修风格。

Chapter ❷
风格设计

现代风格设计

混搭风格设计

简约风格设计

中式古典风格设计

现代风格设计

造型简洁、重视功能

设计要点

①提倡突破传统，创造革新，重视功能和空间组织；造型简洁，反对多余装饰。

②常用建材：复合地板、不锈钢、文化石、大理石、木饰墙面、玻璃、条纹壁纸、珠线帘。

③常用家具：造型茶几、躺椅、布艺沙发、线条简练的板式家具。

④常用配色：红色系、黄色系、黑色系、白色系、对比色。

⑤常用装饰：抽象艺术画、无框画、金属灯罩、时尚灯具、玻璃制品、金属工艺品、马赛克拼花背景墙、隐藏式厨房电器。

⑥常用形状图案：几何结构、直线、点线面组合、方形、弧形。

现代家居风格的材料选择广泛

现代风格的家居在选材上不再局限于石材、木材、面砖等天然材料，一般喜欢使用新型的材料，尤其是不锈钢、铝塑板或合金材料，作为室内装饰及家具设计的主要材料；也可以选择玻璃、塑胶、强化纤维等高科技材质，来表现现代时尚的家居氛围。

不锈钢材质的茶几，为客厅一隅带来金属感的现代气息。

现代风格重点建材

分类		特点
复合地板		复合地板大多有相对丰富的色彩和图案可供搭配选择，比较符合现代风格的需求。
不锈钢		不锈钢其镜面反射作用，可取得与周围环境中的各种色彩、景物交相辉映的效果，很符合现代风格追求创造革新的需求。
大理石		大理石地砖铺贴的地面，大理石塑造的电视背景墙，大理石贴装的厨房台面等，都是现代风格中常用设计手法。
玻璃		玻璃可以塑造空间与视觉之间的丰富关系。比如雾面朦胧的玻璃与绘图图案的随意组合最能体现现代家居空间的变化。
珠线帘		在现代风格的居室中可以选择珠线帘代替墙和玻璃，作为轻盈、透气的软隔断，既划分区域，不影响采光，又能体现居室的美观。

现代风格重点家具

分类		特点
造型茶几		现代风格选择造型感极强的茶几作为装点的元素，不仅简单易操作，还能大大地提升房间的现代感。
线条简练的板式家具		追求造型简洁的特性使板式家具成为此风格的最佳搭配伙伴，其中以茶几和电视背景墙的装饰柜为主。

宽敞的复式空间需要用看起来明显的装饰品进行装饰，才能够令空间显得更加充实。例如，可以用大型字画，或阔叶绿植，都能够令居室显得生机盎然，充满家的感觉。

现代风格重点装饰

分类		特点
抽象艺术画	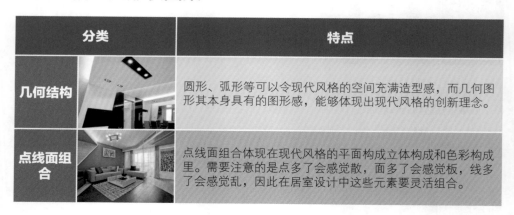	抽象画与自然物象极少或完全没有相近之处，而又具强烈的形式构成，因此比较符合现代风格的居室。
马赛克拼花背景墙		马赛克拼花除了可以选择商家提供的图案，也可以自己选择图案，让厂家根据需要制作，这样的量身定制模式非常符合当下年轻业主们的要求。

现代风格重点形状图案

分类		特点
几何结构		圆形、弧形等可以令现代风格的空间充满造型感，而几何图形其本身具有的图形感，能够体现出现代风格的创新理念。
点线面组合		点线面组合体现在现代风格的平面构成立体构成和色彩构成里。需要注意的是点多了会感觉散，面多了会感觉板，线多了会感觉乱，因此在居室设计中这些元素要灵活组合。

营造现代家居风格的常用软装

在现代风格的居室中可以选择一些石膏作品作为艺术品陈列在家中，也可以将充满现代风情的小件木雕作品根据喜好任意摆放，此外符合其空间风格的壁画也是软家装中必不可少的部分。当然现代风格居室中的装饰品也可以选择另类的物件，比如，民族风格浓郁的挂毯和羽毛饰物等。

无论是茶几上的特色工艺品，还是沙发背景墙面上的装饰画，都充满着现代风情。

简约风格设计

轻装修、重装饰

设计要点

① "轻装修、重装饰"是简约风格设计的精髓；而对比是简约装修中惯用的设计方式。

②常用建材：纯色涂料、纯色壁纸、条纹壁纸、抛光砖、通体砖、镜面 / 烤漆玻璃、石材、石膏板造型。

③常用家具：低矮家具、直线条家具、多功能家具、带有收纳功能的家具。

④常用配色：白色、白色 + 黑色、木色 + 白色、白色 + 米色、白色 + 灰色、白色 + 黑色 + 红色、白色 + 黑色 + 灰色、米色、中间色、单一色调。

⑤常用装饰：纯色地毯、黑白装饰画、金属果盘、吸顶灯、灯槽。

⑥常用形状图案：直线、直角、大面积色块、几何图案。

多功能家具为简约家居提供生活便利

多功能家具是一种在具备传统家具初始功能的基础上，实现其他新设功能的家具类产品，是对家具的再设计。例如，在简约风格的居室中，可以选择可以用作床的沙发、具有收纳功能的茶几和岛台等，这些家具为生活提供了便利。

茶几具有其特定的摆放、装饰功能，同时兼具收纳功能。

简约风格重点建材

分类		特点
纯色涂料	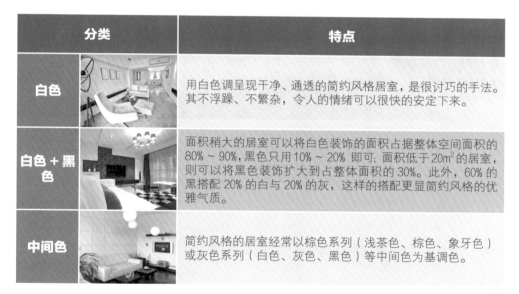	涂料具有防腐、防水、防油、耐化学品、耐光、耐温等功用，非常符合简约家居追求实用性的概述。
条纹壁纸		简约风格追求简洁的线条，因此素色的条纹壁纸是其装饰材料的绝佳选择，其中横条纹壁纸有扩展空间的作用；而竖条纹壁纸则可以令层高较低的空间显得高挑，避免压抑感。

简约风格重点配色

分类		特点
白色		用白色调呈现干净、通透的简约风格居室，是很讨巧的手法。其不浮躁、不繁杂，令人的情绪可以很快的安定下来。
白色＋黑色		面积稍大的居室可以将白色装饰的面积占据整体空间面积的80%～90%，黑色只用10%～20%即可；面积低于20m²的居室，则可以将黑色装饰扩大到占整体面积的30%。此外，60%的黑搭配20%的白与20%的灰，这样的搭配更显简约风格的优雅气质。
中间色		简约风格的居室经常以棕色系列（浅茶色、棕色、象牙色）或灰色系列（白色、灰色、黑色）等中间色为基调色。

简约风格居室中背景墙的配色

简约风格的居室色彩设计宜凸显出舒适感和惬意感。这里的舒适指的是视觉上的统一，没有突兀的、不融合的部分。在进行背景墙的色彩设计时不要脱离整体，例如，可以将背景墙的主色调定为空间的主色调，与墙面本身的色彩及软装饰的色彩协调即可。

电视背景墙为黑白配色，与居室的整体基调相协调。

软装到位是简约风格家居装饰的关键

　　由于简约家居风格的线条简单、装饰元素少，因此软装到位是简约风格家居装饰的关键。配饰选择应尽量简约，没有必要为显得"阔绰"而放置一些较大体积的物品，应尽量以实用方便为主；此外简约家居中的陈列品设置应尽量突出个性和美感。

空间中的陈列品并不多，却都具有个性，如组合装饰画、绿色玻璃碗等。

TIPS：纯色地毯符合简约家居追求简洁的特性

　　质地柔软的地毯常常被用于各种风格的家居装饰中，而简约风格的家居因其追求简洁的特性，所以在地毯的选择上，最好选择纯色地毯，这样就不用担心过于花哨的图案和色彩与整体风格冲突。而且对于每天都要看到的软装来说，纯色的地毯也更加耐看。

现代风格重点形状图案

分类		特点
直线		简洁的直线条最能表现出简约风格的特点：要先将空间线条重新整理，整合空间中的垂直线条，讲求对称与平衡；不做无用的装饰，呈现出利落的线条，让视觉不受阻碍地在空间中延伸。
大面积色块		简约风格划分空间的途径不一定局限于硬质墙体，还可以通过大面积的色块来进行划分，这样的划分具有很好的兼容性、流动性及灵活性；另外大面积的色块也可以用于墙面、软装等地方。

混搭风格设计

中西元素、现代与传统搭配

 设计要点

①混搭并不是简单地把各种风格的元素放在一起做加法，而是把它们有主有次地组合在一起。中西元素的混搭是主流，其次还有现代与传统的混搭。

②常用建材：玻璃＋镜面、玻璃＋金属、皮质＋金属＋镜面、大理石＋镜面玻璃、大理石＋实木、实木＋藤＋大理石、不同图案的壁纸、中式仿古墙。

③常用家具：西式沙发＋明清座椅、现代家具＋中式家具、现代家具＋欧式家具、形态相似的家具＋不一样的颜色。

④常用配色：反差大的色彩、冷色＋暖色、红色＋绿色、色彩的纯度对比。

⑤常用装饰：现代装饰品＋中式装饰品、民族工艺品＋现代工艺品、欧式雕像＋中式木雕、现代灯具＋中式木挂、中式装饰画＋欧式工艺品、欧式屏风＋现代灯具。

⑥常用形状图案：直线＋弧线、直线＋雕花、方形＋圆形、不规则吊顶。

混搭家居风格的材料选择十分多元化

在混搭风格的家居中，材料的选择十分多元化，木头、玻璃、石头、钢铁的硬，调配丝绸、棉花、羊毛、混纺的软，将这些透明的、不透明的、亲和的、冰冷的等不同属性的东西层理分明地摆放和谐，就可以营造出与众不同的混搭风格的家居环境。比如，可以用可延展的胡桃木餐桌、刚柔并济的橡木床、褐色皮质的扶手椅、绒布面料的宽大沙发以及简单到只由一块玻璃构成的茶几装扮出家居空间。

木质茶几与布艺沙发，在材质上虽属性不同，却都能体现出温醇的气质，令混搭风格的家居不显杂乱。

在混搭风格的家居中，往往会选择在现代风格的居室中加入其他风格的元素，因为这种混搭手法既简单，又最容易出效果。例如，可以在现代风格的家居中设计一面中式仿古墙，这种设计既区别于新中式风格，又可以令混搭的家居独具韵味。

混搭风格重点建材

分类	特点
现代家具+中式古典家具	一般来说中式家具与现代家具的搭配黄金比例是 3 : 7，因为中式家具的造型和色泽十分抢眼，太多反而会令居室显得杂乱无章。
形态相似的家具+不一样的颜色	混搭风格的家居中选择色彩不一样，但形态相似的家具作为组合，既可以令空间元素显得不那么杂乱，又可以达到混搭家居追求不同的效果。

混搭风格色彩搭配要和谐

混搭风格的色彩虽然可以出其不意，但搭配的前提条件依然是和谐。比如，如果窗帘是绿色系，那么地毯、床品的颜色最好就是白色、绿色、黄色等与之相配的颜色。另外，虽然对比色也是混搭风格的常用配色手法，但需要注意的是如果家具和配饰都是古典风格（包括欧式古典和中式古典）的，那么各类纺织品一定不能选择对比色。

混搭风格客厅中的沙发采用红绿对比色，因此抱枕的色彩显得相对低调。

用色彩来提亮混搭家居中的容颜，也是该风格惯用的设计手法。反差大的色彩可以在视觉上给人以冲击力，也可以令混搭家居的表情更为丰富。例如，可以选择低彩度的地面色彩，而打造高亮度的墙面。

混搭风格重点装饰

分类		特点
现代装饰品＋中式装饰品	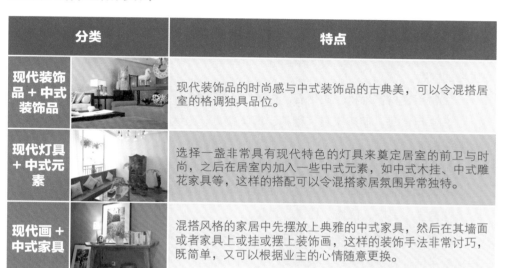	现代装饰品的时尚感与中式装饰品的古典美，可以令混搭居室的格调独具品位。
现代灯具＋中式元素		选择一盏非常具有现代特色的灯具来奠定居室的前卫与时尚，之后在居室内加入一些中式元素，如中式木挂、中式雕花家具等，这样的搭配可以令混搭家居氛围异常独特。
现代画＋中式家具		混搭风格的家居中先摆放上典雅的中式家具，然后在其墙面或者家具上或挂或摆上装饰画，这样的装饰手法非常讨巧，既简单，又可以根据业主的心情随意更换。

欧式与中式混搭的家居装饰搭配要巧妙融合

如果家中是以欧式风格为主，那么将带有中式风格的元素点缀其中，就一定会为整个房间增色不少。仿旧的工笔画、花鸟图案的壁纸、镂空的木质屏风、用中式门窗当作隔断，这些最能体现中国传统家居文化的元素与欧式风格的东西放在一起，虽然风格迥异，但只要能将它们巧妙地融合，便能体现出一定的文化韵味和独特的风格，这就是混搭的成功。

在欧式风格为主调的家居中，摆放上中式座椅和茶几，丝毫没有违和感。

中式古典风格设计　严格遵循均衡对称原则

 **设计要点**

①布局设计严格遵循均衡对称原则，家具的选用与摆放是中式古典风格最主要的内容。

②常用建材：木材、文化石、青砖、字画壁纸。

③常用家具：明清家具、圈椅、案类家具、坐墩、博古架、塌、隔扇、中式架子床。

④常用配色：中国红、黄色系、棕色系、蓝色＋黑色。

⑤常用装饰：宫灯、青花瓷、中式屏风、中国结、文房四宝、书法装饰、木雕花壁挂、菩萨、佛像、挂落、雀替。

⑥常用形状图案：垭口、藻井吊顶、窗棂、镂空类造型、回字纹、冰裂纹、福禄寿字样、牡丹图案、龙凤图案、祥兽图案。

"对称原则"令中式古典风格的居室更具东方美学特征

东方美学讲究"对称"，对称能够减少视觉上的冲击力，给人们一种协调、舒适的视觉感受。在中式古典风格的居室中，把融入了中式元素具有对称的图案用来装饰，再把相同的家具、饰品以对称的方式摆放，就能营造出纯正的东方情调，更能为空间带来历史价值感和墨香的文化气质。

对称摆放的家具符合中式古典风格居室的美学诉求。

在中式古典风格的家居中，木材的使用比例非常高，而且多为重色木材，如黑胡桃、柚木、沙比利等。为了避免沉闷感，其他部分应适合搭配浅色系，如米色、白色、浅黄色等，以减轻木质的沉闷感，从而使人觉得轻快一些。此外木材可以充分发挥其物理性能，创造出独特的木结构或穿斗式结构，讲究构架制的原则，建筑构件规格化，重视横向布局，利用庭院组织空间，用装修构件分合空间，注重环境与建筑的协调，善于用环境创造气氛。

中式古典风格重点家具

分类		特点
明清家具		明清家具同中国古代其他艺术品一样，不仅具有深厚的历史文化艺术底蕴，而且具有典雅、实用的功能，可以说在中式古典风格中，明清家具是一定要出现的元素。
圈椅		圈椅由交椅发展而来，最明显的特征是圈背连着扶手，从高到低一顺而下，座靠时可使人的臂膀都倚着圈形的扶手，感到十分舒适，是我们民族独具特色的椅子样式之一。
案类家具		案类家具形式多种多样，造型比较古朴方正。由于案类家具被赋予了一种高洁、典雅的意蕴，因此摆设于室内成为一种雅趣，是一种非常重要的传统家具，更是鲜活的点睛之笔。
榻		榻是中国古时家具的一种，狭长而较矮，比较轻便，也有稍大而宽的卧榻，可坐可卧，是古时常见的木质家具。材质多种，普通硬木和紫檀、黄花梨等名贵木料皆可制作。
中式架子床		中式架子床为汉族卧具，为床身上架置四柱或四杆的床，式样颇多、结构精巧、装饰华美。装饰多以历史故事、民间传说、花鸟山水等为题材，含和谐、平安、吉祥、多福、多子等寓意。

中国红与帝王黄令中式古典家居更具传统美

红色对于中国人来说象征着吉祥、喜庆，传达着美好的寓意。在中式古典风格的家居中，这种鲜艳的颜色，被广泛用于室内色彩之中，代表着业主对美好生活的期许。而黄色系在古代作为皇家的象征，如今也广泛地用于中式古典风格的家居中；并且黄色有着金色的光芒，象征着财富和权力，是骄傲的色彩。

大面积的中国红令居室呈现出吉祥喜庆的气息。　　帝王黄令整体家居彰显出大气而富贵的格调。

中式古典风格重点装饰

分类		特点
宫灯		宫灯是中国彩灯中富有特色的汉民族传统手工艺品之一，主要是以细木为骨架镶以绢纱和玻璃，并在外绘以各种图案的彩绘灯，它充满宫廷的气派可以令中式古典风格的家居显得雍容华贵。
木雕花壁挂		木雕花壁挂具有文化韵味和独特风格，可以体现出中国传统家居文化的独特魅力。
雀替		雀替是中国建筑中的特殊名称，安置于梁或阑额与柱交接处承托梁枋的木构件；也可以用在柱间的落挂下，或为纯装饰性构件。在一定程度上，可以增加梁头抗剪能力或减少梁枋间的跨距。
挂落		挂落是中国传统建筑中额枋下的一种构件，常用镂空的木格或雕花板做成，也可由细小的木条搭接而成，用作装饰或同时划分室内空间。因为挂落有如装饰花边，可以使室内空阔的部分产生变化，出现层次，具有很强的装饰效果。

中式古典风格的室内陈设讲求修身养性的生活境界

　　中式古典风格的传统室内陈设追求的是一种修身养性的生活境界，在装饰细节上崇尚自然情趣，花鸟、鱼虫等精雕细琢，富于变化，充分体现出中国传统美学精神。配饰擅用字画、古玩、卷轴、盆景、精致的工艺品加以点缀，更显业主的品位与尊贵。

花鸟装饰画与青花台灯将中式古典风格的居室点缀得格调十足。

中式古典风格重点形状图案

分类		特点
窗棂		窗棂是中国传统木构建筑的框架结构设计，往往雕刻有线槽和各种花纹，构成种类繁多的优美图案。透过窗子，可以看到外面的不同景观，好似镶在框中挂在墙上的一幅画。
镂空类造型		镂空类造型如窗棂、花格等可谓是中式的灵魂，常用的有回字纹、冰裂纹等。

新中式风格设计

符合现代人居住的生活特点

 **设计要点**

①新中式风格通过提取传统家居的精华元素和生活符号进行合理的搭配和布局，在整体的家居设计中既有中式家居的传统韵味，又更多地符合了现代人居住的生活特点。

②常用建材：木材、竹木、青砖、石材、中式风格壁纸。

③常用家具：圈椅、无雕花架子床、简约化博古架、线条简练的中式家具、现代家具＋清式家具。

④常用配色：白色、白色＋黑色＋灰色、黑色＋灰色、吊顶颜色浅于地面与墙面。

⑤常用装饰：仿古灯、青花瓷、茶案、古典乐器、菩萨、佛像、花鸟图、水墨山水画、中式书法。

⑥常用形状图案：中式镂空雕刻、中式雕花吊顶、直线条、荷花图案、梅兰竹菊、龙凤图案、骏马图案。

新中式风格的主材常取材于自然

新中式风格的主材往往取材于自然，如用来代替木材的装饰面板、石材等，尤其是装饰面板，最能够表现出浑厚的韵味。但也不必拘泥，只要熟知材料的特点，就能够在适当的地方用适当的材料，即使是玻璃、金属等，一样可以展现新中式风格。

石材的运用令新中式风格的家居更显大气之感。

新中式风格与中式古典风格不同，因其结合式的特点，在中式古典风格中很少应用到的石材却可以应用在此。新中式家居中的石材选择没有什么限制，各种花色均可以使用，浅色温馨大气一些，深色则古典韵味浓郁。

新中式风格重点家具

分类		特点
线条简练的中式家具	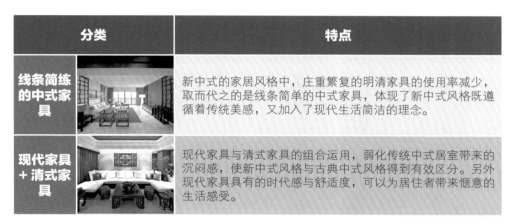	新中式的家居风格中，庄重繁复的明清家具的使用率减少，取而代之的是线条简单的中式家具，体现了新中式风格既遵循着传统美感，又加入了现代生活简洁的理念。
现代家具＋清式家具		现代家具与清式家具的组合运用，弱化传统中式居室带来的沉闷感，使新中式风格与古典中式风格得到有效区分。另外现代家具具有的时代感与舒适度，可以为居住者带来惬意的生活感受。

色彩自然和谐搭配是新中式讲求的要点

新中式讲究的是色彩自然和谐的搭配，因此在对居室进行设计时，需要对空间色彩进行通盘考虑。经典的配色是以黑、白、灰色、棕色为基调；在这些主色的基础上可以用皇家住宅的红、黄、蓝、绿等作为局部色彩。

在经典的黑白色之间，加入木色的温醇，令新中式家居配色更加和谐。

由于新中式风格较为注重色彩上的和谐，因此像吊顶、地面与墙面的色彩运用，也成为不可忽视的因素。整个房间的颜色应该下深上浅，这样才不会给人头重脚轻和压抑的感觉。

新中式风格重点建材

分类		特点
仿古灯		中式仿古灯与精雕细琢的中式古典灯具相比，更强调古典和传统文化神韵的再现，图案多为清明上河图、如意图、龙凤、京剧脸谱等中式元素，其装饰多以镂空或雕刻的木材为主，宁静而古朴。
青花瓷		青花瓷是中国瓷器的主流品种之一，在明代时期就已成为瓷器的主流。在中式风格的家居中，摆上几件青花装饰品，可以令家居环境的韵味十足，也将中国文化的精髓满溢于整个居室空间。
茶案		在中国古代的史料中，就有茶的记载，而饮茶也成为中国人喜爱的一种生活形式。在新中式家居中摆放上一个茶案，可以传递雅致的生活态度。
花鸟图		花鸟图不仅可以将中式的感觉展现得淋漓尽致，也因其丰富的色彩，而令新中式家居空间变得异常美丽。

在新中式风格的居室中，简洁硬朗的直线条被广泛地运用，不仅反映出现代人追求简单生活的居住要求，更迎合了新中式家居追求内敛、质朴的设计风格，使"新中式"更加实用、更富现代感。

"梅兰竹菊"图案令新中式家居更具韵味

"梅兰竹菊"用于新中式的居室内是一种隐喻,借用植物的某些生态特征,赞颂人类崇高的情操和品行。竹有"节",寓意人应有"气节",梅、松耐寒,寓意人应不畏艰难、不怕困难。这些元素用于新中式的家居中将中式古典的思想作为延续与传承。

卧室背景墙采用梅花图案装饰,体现出业主高雅的情操。

欧式古典风格设计 具有文化韵味和历史内涵

 设计要点

①欧洲古典风格空间上追求连续性，以及形体的变化和层次感，具有很强的文化韵味和历史内涵。

②常用建材：石材拼花、仿古砖、镜面、护墙板、欧式花纹壁布、软包、天鹅绒。

③常用家具：色彩鲜艳的沙发、兽腿家具、贵妃沙发床、欧式四柱床、床尾凳。

④常用配色：白色系、黄色/金色、红色、棕色系、青蓝色系。

⑤常用装饰：大型灯池、水晶吊灯、欧式地毯、罗马帘、壁炉、西洋画、装饰柱、雕像、西洋钟、欧式红酒架。

⑥常用形状图案：藻井式吊顶、拱顶、花纹石膏线、欧式门套、拱门。

欧式古典风格重点建材

分类		特点
石材拼花		石材拼花在欧式古典家居中被广泛应用于地面、墙面、台面等装饰，以其石材的天然美（颜色、纹理，材质）加上人们的艺术构想而"拼"出一幅幅精美的图案。
护墙板		护墙板又称墙裙、壁板，一般采用木材等为基材；具有装饰效果明显、维护保养方便等优点。
软包		软包是一种在室内墙表面用柔性材料加以包装的墙面装饰方法，所使用的材料往往质地柔软，色彩柔和，其纵深的立体感能提升家居档次，是欧式古典家居中非常喜欢用到的装饰材料。

欧式古典风格的建材选择要与家居整体构成相吻合

在欧式古典风格的家居中，地面材料以石材或者地板为主。在材料选用上，以高档红胡桃饰面板、欧式风格壁纸、仿古砖、石膏装饰线等为主。墙面饰面板、古典欧式壁纸等硬装设计与家具在色彩、质感及品位上，需要完美地融合在一起。

高档红胡桃饰面板与欧风壁画的搭配，令卧室呈现出浓郁的欧式古典风情。

欧式古典风格重点家具

分类		特点
兽腿家具		兽腿家具其繁复流畅的雕花，可以增强家具的流动感，表达出对古典艺术美的崇拜与尊敬。
贵妃沙发床		贵妃沙发床有着优美玲珑的曲线，这种家具运用于欧式古典家居中，可以传达出奢懿、华贵的宫廷气息。
欧式四柱床		四柱床起源于古代欧洲贵族，后来逐步演变成利用柱子的材质和工艺来展示业主的财富。因此，在古典欧式风格的卧室中，四柱床的运用非常广泛。
床尾凳		床尾凳是欧式古典家居中很有代表性的设计，具有较强装饰性和少量的实用性，可以从细节上提升卧房品质。

利用黄色系表现出欧式古典风格的华贵气质

在色彩上，欧式古典风格经常运用明黄、金色等古典常用色来渲染空间氛围，可以营造出富丽堂皇的效果，表现出古典欧式风格的华贵气质。

黄色系的运用令欧式古典风格的居室更具华贵气息。

欧式古典风格重点装饰

分类		特点
水晶吊灯		水晶吊灯给人以奢华、高贵的感觉，很好地传承了西方文化的底蕴。
罗马帘		罗马帘是窗帘装饰中的一种，种类很多，其中欧式古典罗马帘自中间向左右分出两条大的波浪形线条，是一种富于浪漫色彩的款式，其装饰效果非常华丽，可以为家居增添一份高雅古朴之美。
壁炉		壁炉是西方文化的典型载体，选择欧式古典风格的家装时，可以设计一个真的壁炉，也可以设计一个壁炉造型，辅以灯光，可以营造出极具西方情调的生活空间。
西洋画		在欧式古典风格的家居空间里，可以选择用西洋画来装饰空间，以营造浓郁的艺术氛围，表现业主的文化涵养。
雕像		欧洲雕像有很多著名的作品，在某种程度上，可以说欧洲承载了一部西方的雕塑史。因此，一些仿制的雕像作品也被广泛的运用于欧式古典风格的家居中，体现出一种文化与传承。

欧式古典风格应具有造型感

欧式古典风格对造型的要求较高。例如，门的造型设计，包括房间的门和各种柜门，既要突出凹凸感，又要有优美的弧线，两种造型相映成趣、风情万种。柱的设计也很有讲究，可以设计成典型的罗马柱造型，使整体空间具有更强烈的西方传统审美气息。

具有精美雕花图案的欧式罗马柱为欧式古典风格的居室更添韵味。

Tips：欧式门套在欧式古典风格家居中应用原则

欧式门套作为门套风格的一种，是欧式古典风格的家居中经常用到的元素。因为欧式古典风格本身就是奢华与大气的代表，只有精工细做的欧式门套才能彰显出这份气质。

新欧式风格设计

别样奢华的"简约风格"

设计要点

①新欧式风格不再追求表面的奢华和美感，而是更多去解决人们生活的实际问题，极力让厚重的欧式家居体现一种别样奢华的"简约风格"。

②常用建材：石膏板工艺、镜面玻璃顶面、花纹壁纸、护墙板、软包墙面、黄色系石材、拼花大理石、木地板。

③常用家具：线条简化的复古家具、曲线家具、真皮沙发、皮革餐椅。

④常用配色：白色/象牙白、金色/黄色、白色＋暗红色、灰绿色＋深木色、白色＋黑色。

⑤常用装饰：铁艺枝灯、欧风茶具、抽象图案/几何图案地毯、罗马柱壁炉外框、欧式花器、线条烦琐且厚重的画框、雕塑、天鹅陶艺品、欧风工艺品、帐幔。

⑥常用形状图案：波状线条、欧式花纹、装饰线、对称布局、雕花。

新欧式风格重点建材

分类		特点
石膏板工艺		石膏板吊顶和石膏板造型的电视背景墙在新欧式风格的家居中广泛运用。
花纹壁纸		新欧式风格中壁纸的选用一般为独具特色的欧式花纹，这种花纹一般线条雍容、繁复，可以体现出欧式风格的华贵感。

新欧式风格的家具更具现代性

新欧式风格是经过改良的古典主义风格，高雅而和谐是其代名词。在家具的选择上既保留了传统材质和色彩的大致风格，又摒弃了过于复杂的肌理和装饰，简化了线条。因此新欧式风格从简单到繁杂、从整体到局部，精雕细琢，镶花刻金都给人一丝不苟的印象。

无论是沙发，还是茶几均摒弃了欧式古典家具的繁复，简洁大方的造型更符合现代生活的追求。

TIPS：线条简化的复古家具在新欧式家居的运用

新欧式家具在古典家具设计师求新求变的过程中应运而生，是一种将古典风范与个人的独特风格和现代精神结合起来，而改良的一种线条简化的复古家具，使复古家具呈现出多姿多彩的面貌。

新欧式风格的配色以淡雅为主

新欧式风格不同于古典欧式风格喜欢用厚重、华丽的色彩，而是常常选用白色或象牙白做底色，再糅合一些淡雅的色调，力求呈现出一种开放、宽容的非凡气度。

新欧式风格重点装饰

分类		特点
欧风茶具		欧式茶具不同于中式茶具的素雅、质朴，而呈现出华丽、圆润的体态，用于新欧式风格的家居中可以提升空间的美感。
天鹅陶艺品		天鹅陶艺品是经常出现的装饰物，因为天鹅是欧洲人非常喜爱的一种动物，且其优雅的体态，与新欧式家居风格十分相配。

新欧式风格形状与图案以轻盈优美为主

新欧式风格的家居精炼、简朴、雅致，无论是家具还是工艺品都做工讲究，装饰文雅，曲线少，平直表面多，显得更加轻盈优美；在这种风格的家居中的装饰图案一般为玫瑰、水果、叶形、火炬等。

美式乡村 风格设计　舒适、回归自然

 设计要点

①美式乡村风格摒弃烦琐和豪华，以舒适为向导，强调"回归自然"。

②常用建材：自然裁切的石材、砖墙、硅藻泥墙面、花纹壁纸、实木、棉麻布艺、仿古地砖、釉面砖。

③常用家具：粗犷的木家具、皮沙发、摇椅、四柱床。

④常用配色：棕色系、褐色系、米黄色、暗红色、绿色。

⑤常用装饰：铁艺灯、彩绘玻璃灯、金属风扇、自然风光的油画、大朵花卉图案地毯、壁炉、金属工艺品、仿古装饰品、野花插花、绿叶盆栽。

⑥常用形状图案：鹰形图案、人字形吊顶、藻井式吊顶、浅浮雕、圆润的线条（拱门）。

美式乡村风格重点建材

分类		特点
自然裁切的石材		自然裁切的石材符合乡村风格选择天然材料的要点，自然裁切的特点又能体现出该风格追求自由、原始的特征。
砖墙		红色砖墙在形式上古朴自然，与美式乡村风格追求的理念相一致，独特的造型也可为室内增加一抹亮色。
硅藻泥墙面		美式乡村风格的居室内用硅藻泥涂刷墙面，既环保，又能为居室创造出古朴的氛围。

美式乡村风格的家具实用性与装饰性并存

美式乡村风格家具的一个重要特点是其实用性比较强，比如有专门用于缝纫的桌子，可以加长或拆成几张小桌子的大餐台。另外，美式家具非常重视装饰，风铃草、麦束、瓮形等图案，都是常见的装饰。

Tips：粗犷的木家具在美式乡村风格家居中的运用

美式乡村风格的家具主要以殖民时期为代表，体积庞大，质地厚重，坐垫也加大，彻底将以前欧洲皇室贵族的极品家具平民化，气派而且实用。主要使用可就地取材的松木、枫木，不用雕饰，仍保有木材原始的纹理和质感，还刻意添上仿古的瘢痕和虫蛀的痕迹，创造出一种古朴的质感，展现原始粗犷的美式风格。

粗犷的装饰柜花纹精美、造型古朴，与美式乡村风格和谐搭配。

美式乡村风格的配色呈多样化

美式乡村风格对色彩没有太大的忌讳，只要不是刺眼的金银、冷酷的黑白主调即可。传统的做旧灰蓝奶白，现代的粉红嫩绿，田园风格中最常被使用的纯白色系，都能在美式乡村风格中找到一席之地。选择带有活泼色彩的家具，特别在柜子和沙发的搭配上做文章，是美式乡村风格搭配的一个窍门。

鲜明的色彩搭配为美式乡村风格带来别样风情。

美式乡村风格重点装饰

分类		特点
铁艺灯		铁艺灯的色调以暖色调为主，能散发出一种温馨柔和的光线，可以衬托出美式乡村家居的自然与拙朴。
自然风光的油画		大幅自然风光的油画其色彩的明暗对比可以产生空间感，适合美式乡村家居追求阔达空间的需求。
绿叶盆栽		美式乡村风格非常重视生活的自然舒适性，突出格调清婉惬意，外观雅致休闲。其中各种繁复的绿色盆栽是美式乡村风格中非常重要的装饰运用元素。

圆润线条和鹰形图案令美式乡村家居更具风格化

　　美式乡村风格的居室一般要尽量避免出现直线，经常会采用像地中海风格中常用的拱形垭口，其门、窗也都圆润可爱，这样的造型可以营造出美式乡村风格的舒适和惬意感觉。另外，白头鹰是美国的国鸟，代表勇猛、力量和胜利。在美式乡村风格的家居中，这一象征爱国主义的图案也被广泛地运用于装饰中，比如鹰形工艺品，或者在家具及墙面上体现这一元素。

大量圆润线条的利用，令美式乡村风格更显随性、惬意之感。

欧式田园风格设计

自然、浪漫、现代流行主义

 设计要点

　　①重视对自然的表现是欧式田园风格的主要特点，同时又强调浪漫与现代流行主义的特点。

　　②常用建材：天然材料、木材／板材、仿古砖、布艺墙纸、纯棉布艺、大花壁纸／碎花壁纸。

　　③常用家具：胡桃木家具、木质橱柜、高背床、四柱床、手绘家具、碎花布艺家具。

　　④常用配色：本木色、黄色系、白色系（奶白、象牙白）、白色＋绿色系、明媚的颜色。

　　⑤常用装饰：盘状挂饰、复古花器、复古台灯、田园台灯、木质相框、大花地毯、彩绘陶罐、花卉图案的油画、藤制收纳篮。

　　⑥常用形状图案：碎花、格子、条纹、雕花、花边、花草图案、金丝雀。

欧式田园风格重点建材

分类		特点
天然材料		欧式田园风格的家居多用木料、石材等天然材料，其原始自然感可以体现出欧式田园的清新淡雅。
木材		欧式田园风格多用胡桃木、橡木、樱桃木、榉木、桃花心木、楸木等木种。一般设计都会保留木材原有的自然色调。
大花壁纸／碎花壁纸		无论是大花图案，还是碎花图案，都可以很好地诠释出欧式田园风格特征，可以营造出一种浓郁的唯美气息。

布艺沙发是欧式田园风格居室中的主角

欧式田园风格是最具有浓郁的人文风情和家居生活特征的代表之一。在家具的选择上，喜欢舒适的家具，在细节方面可以选用自然材质家具，充分体现出自然的质感。此外，色彩鲜艳的布艺沙发，也是欧式田园风格客厅中的主角。

大花图案的布艺沙发将欧式田园风情演绎得更加浓郁。

明媚配色令欧式田园风格更具自然风情

欧式田园风格以明媚的色彩设计方案为主要色调，鲜艳的红色、黄色、绿色、蓝色等，都可以为家居带来浓郁的自然风情；另外，欧式田园风格中，往往会用到大量的木材，因此本木色在家中曝光率很高，而这种纯天然的色彩也可以令家居环境显得自然而健康。

红白相间的格子布艺沙发在蓝色背景墙的映衬下，更具自然风情。

欧式田园风格重点装饰

分类		特点
盘状挂饰		盘子与生俱来的质朴以及不加雕琢的单纯味道，非常适合欧式田园风情的居室。
田园台灯		田园台灯大多拥有碎花图案和蕾丝花边，唯美、浪漫的基调和欧式田园风格不谋而合。
大花地毯		大花地毯不仅在形态上与欧式风格的基调吻合，而且材质大多为羊毛地毯，更显欧式田园风格的自然、淳朴。
藤制收纳篮		藤制收纳篮取材天然，可以传递出田园风格的自然气息；而且兼具实用性与装饰性。

碎花、格子和花边令欧式田园风格呈现出唯美特质

欧式田园风格最喜爱碎花、格子等图案，因此窗帘、布艺等都少不了这些。花花草草的配衬，华美的家饰布及窗帘能衬托出欧式田园独特的居室风格，而小碎花图案则也是欧式田园风格的主角。另外，花边也是欧式田园风格的常用元素，如带花边的床单，或者电视、小家电的遮盖物等。柔美的花边可以令居室氛围呈现出唯美特质。

格子地毯将欧式田园风格的客厅点缀得更加雅致。

带有花边的床品令欧式田园风格的卧室更具甜美气息。

地中海风格设计 捕捉光线，取材天然

 设计要点

①地中海家居风格装修设计的精髓是捕捉光线，取材天然的巧妙之处。

②常用建材：原木、马赛克、仿古砖、花砖、手绘墙、白灰泥墙、细沙墙面、海洋风壁纸、铁艺栏杆、棉织品。

③常用家具：铁艺家具、木质家具、布艺沙发、船型家具、白色四柱床。

④常用配色：蓝色＋白色、蓝色、黄色、黄色＋蓝色、白色＋绿色。

⑤常用装饰：地中海拱形窗、地中海吊扇灯、壁炉、铁艺吊灯、铁艺装饰品、瓷器挂盘、格子桌布、贝壳装饰、海星装饰、船模、船锚装饰。

⑥常用形状图案：拱形、条纹、格子纹、鹅卵石图案、罗马柱式装饰线、不修边幅的线条。

地中海风格重点建材

分类		特点
马赛克		马赛克瓷砖的应用是凸显地中海气质的一大法宝，细节跳脱，整体却依然雅致。
白灰泥墙		白灰泥墙在地中海装修风格中也是比较重要的装饰材质，不仅因为其白色的纯度色彩与地中海的气质相符，其自身所具备的凹凸不平的质感，也令居室呈现出地中海建筑所独有的质感。

Tips：船型家具在地中海家居中的运用

船型的家具是最能体现出地中海风格家居的元素之一，其独特的造型既能为家中增加一份新意，也能令人体验到来自地中海的海洋风情。在家中摆放这样的一个船型家具，浓浓的地中海风情呼之欲出。

做旧处理的地中海家具令家居环境更具质感

　　地中海家具以古旧的色泽为主，一般多为土黄、棕褐色、土红色。线条简单且浑圆，非常重视对木材的运用，为了延续古老的人文色彩，家具有时会直接保留木材的原色。地中海式风格家具另外一个明显的特征为家具上的擦漆做旧处理。这种处理方式除了让家具流露出古典家具才有的质感以外，还能展现出家具在地中海的碧海晴天之下被海风吹蚀的自然印迹。

擦漆处理的船型家具更具质感，其造型也将地中海风情渲染得淋漓尽致。

纯美色彩组合令地中海家居呈现出多彩容颜

地中海风格对家居的最大魅力，恐怕来自其纯美的色彩组合。西班牙蔚蓝色的海岸与白色沙滩，希腊的白色村庄在碧海蓝天下简直是制造梦幻，南意大利的向日葵花田流淌在阳光下的金黄，北非特有沙漠及岩石等自然景观的红褐、土黄的浓厚色彩组合，都令地中海风格的家居呈现出多彩的容颜。

蓝白相间的色彩给地中海风格的居室带来海洋气息。

TIPS：**蓝色与白色是地中海家居的经典配色**

蓝色与白色的搭配，可谓是地中海风格家居中最经典的配色，不论是蓝色的门窗搭配白色的墙面，还是蓝白相间的家具，如此干净的色调无不令家居氛围体现出雅致而清新。

地中海风格重点装饰

分类		特点
地中海拱形窗		地中海风格中的拱形窗在色彩上一般运用其经典的蓝白色，并且镂空的铁艺拱形窗也能很好地呈现出地中海风情。
地中海吊扇灯		地中海吊扇灯是灯和吊扇的完美结合，既具灯的装饰性，又具风扇的实用性，可以将古典和现代完美体现。
铁艺装饰品		无论是铁艺烛台，还是铁艺花器等，都可以成为地中海风格家居中独特的美学产物。
贝壳、海星等海洋装饰		贝壳、海星这类装饰元素在细节处为地中海风格的家居增加了活跃、灵动的气氛。
船、船锚等装饰		将船、船锚这类小装饰摆放在家居中的角落，尽显新意的同时，也能将地中海风情渲染得淋漓尽致。

开放、通透的设计表达出地中海风格自由的精神

地中海风格是类海洋风格装修的典型代表，因富有浓郁的地中海人文风情和地域特征而得名。一般通过空间设计上连续的拱门、马蹄形窗等来体现空间的通透，用栈桥状露台和开放式房间功能分区体现开放性，通过一系列开放性和通透性的建筑装饰语言来表达地中海装修风格的自由精神内涵。

开放性的设计令地中海风格的家具更显通透、明亮。

地中海风格重点形状图案

分类		特点
拱形		建筑中的圆形拱门及回廊通常采用数个连接或以垂直交接的方式，在走动观赏中，出现延伸般的透视感。
鹅卵石图案		鹅卵石图案可以很好地表达地中海风格的自由、浪漫、休闲的装修精髓。
不修边幅的线条		地中海沿岸对于房屋或家具的线条显得比较自然，不是直来直去的，形成一种独特的不修边幅的造型。

东南亚风格设计

岛屿特色，精致文化品位

 设计要点

①东南亚风格是东南亚民族岛屿特色及精致文化品位相结合的设计，把奢华和颓废、绚烂和低调等情绪调成一种沉醉色，让人无法自拔。

②常用建材：木材、石材、藤、麻绳、彩色玻璃、黄铜、金属色壁纸、绸缎绒布。

③常用家具：实木家具、木雕家具、藤艺家具、无雕花架子床。

④常用配色：原木色、褐色、橙色、紫色、绿色。

⑤常用装饰：烛台、浮雕、佛手、木雕、锡器、纱幔、大象饰品、泰丝抱枕、青石缸、花草植物。

⑥常用形状图案：树叶图案、芭蕉叶图案、莲花图案、莲叶图案、佛像图案。

天然材料是东南亚风格室内装饰首选

东南亚风格的搭配虽然风格浓烈，但千万不能过于杂乱，否则会使居室空间显得累赘。材质天然的木材、藤、竹是东南亚室内装饰的首选。

藤制家具的大量运用，体现出东南亚风格淳朴、自然的特性。

Tips：金属色壁纸在东南亚风格家居中的运用

金属色壁纸外观富丽豪华，既可用于大面积的内墙装饰，又可点缀在普通的墙面上，能不露痕迹地带出一种炫目和神秘。在东南亚风格的家居中，用金属色壁纸来装饰墙面，可以将异域的神秘气氛渲染得淋漓尽致。

东南亚风格重点家具

分类		特点
木雕家具		柚木是制成木雕家具最为合适的上好原料，有一种低调的奢华，典雅古朴，极具异域风情。
藤制家具		藤制家具天然环保，吸湿、吸热、透风、防蛀虫，不易变形和开裂等物理性能，符合东南亚风格的诉求。

大胆用色体现出东南亚风格的热情奔放

东南亚风格的居室一般会给人带来热情奔放的感觉，这一点主要通过室内大胆的用色来体现。除了绿色、黄色等缤纷色彩，香艳的紫色也是营造东南亚风格的必备。它的妩媚与妖艳让人沉迷，但在使用时要注意度的把握，用得过多会俗气，适合局部点缀纱缦、手工刺绣的抱枕或桌旗。

Tips：原木色在东南亚家居中的运用

原木色以其拙朴、自然的姿态成为追求天然的东南亚风格的最佳配色方案之一。用浅色木家具搭配深色木硬装，或反之用深色木来组合浅色木，都可以令家居呈现出浓郁的自然风情。

紫色的纱幔和抱枕渲染出东南亚风格的神秘风情。

色彩艳丽的布艺装饰是东南亚家居的最佳搭档

各种各样色彩艳丽的布艺装饰是东南亚家居的最佳搭挡。用布艺装饰适当点缀能避免家居的单调气息，令气氛活跃。在布艺色调的选用上，东南亚风情标志性的炫色系列多为深色系。同时也可以参考深色家具搭配色彩鲜艳的装饰这一原则，如大红、嫩黄、彩蓝相搭配。

鲜艳色彩的床品令东南亚风格的卧室更显活泼。

东南亚风格重点装饰

分类		特点
佛手		东南亚家居中用佛手点缀，可以令人享受到神秘与庄重并存的奇特感受。
木雕		东南亚木雕的木材和原材料包括柚木、红木、桫椤木和藤条。大象木雕、雕像和木雕餐具都是很受欢迎的室内装饰品。
锡器		东南亚锡器以马来西亚和泰国产的为多，无论造型还是雕花图案都带有强烈的东南亚文化印记。
大象饰品		大象是东南亚很多国家都非常喜爱的一种动物。大象的图案为家居环境中增加了生动、活泼的氛围，也赋予了家居环境美好的寓意。
泰丝抱枕		艳丽的泰丝抱枕是沙发上或床上最好的装饰品，明黄、果绿、粉红、粉紫等香艳的色彩令家居环境神秘感十足。

花草和禅意图案是东南亚风格中的常用装饰图案

东南亚风格的家居中图案往往来源于两个方面，一个是以热带风情为主的花草图案，一个是极具禅意风情的图案。其中花草图案的表现并不是大面积的，而是以区域型呈现的，比如在墙壁的中间部位或者以横条竖条的形式呈现；同时图案与色彩是非常协调的，往往是一个色系的图案。而禅意风情的图案则作为装饰品出现在家居环境中。

具有禅意的佛像图案常常出现在东南亚风格的居室中。芭蕉叶图案令东南亚的家居更显自然与异域风情。

东南亚风格重点形状图案

分类	特点
树叶图	树叶图案代表了自然、质朴及原始，使地中海家居中热带气息呼之欲出。
莲花、莲叶图案	东南亚家居中喜欢采用较多的阔叶植物来点缀家居，莲花或莲叶图案是其常常用到的装饰图案。
佛像图案	东南亚是一个宗教性极强的地域，因此常把佛像作为一种信仰体现在家居装饰中。

北欧风格设计 简洁、淡雅

 设计要点

①以简洁著称，浅淡的色彩、洁净的清爽感，让居家空间得以彻底降温。

②常用建材：天然材料、板材、石材、藤、白色砖墙、玻璃、铁艺、实木地板。

③常用家具：板式家具、布艺沙发、带有收纳功能的家具、符合人体曲线的家具。

④常用配色：白色、灰色、浅蓝色、浅色＋木色、纯色点缀。

⑤常用装饰：筒灯、简约落地灯、木相框或画框、组合装饰画、照片墙、线条简洁的壁炉、羊毛地毯、挂盘、鲜花、绿植、大窗户。

⑥常用形状图案：流畅的线条、条纹、几何造型、大面积色块、对称。

北欧风格家居配色讲求浑然天成

北欧风格设计貌似不经意，一切却又浑然天成。每个空间都有一个视觉中心，而这个中心的主导者就是色彩。北欧风格色彩搭配之所以令人印象深刻，是因为它总能获得令人视觉舒服的效果——多使用中性色进行柔和过渡，即使用黑白灰营造强烈效果，也总有稳定空间的元素打破它的视觉膨胀感，比如用素色家具或中性色软装来压制。

北欧风格重点建材

分类		特点
天然材料		木材、板材等天然材料，展现出一种朴素、清新的原始之美，代表着独特的北欧风格。
白色砖墙		白色砖墙保留了原始的质感，为空间增加了活力，其本身的白色，塑造出干净、整洁的北欧风格特点。

北欧风格重点家具

分类		特点
板式家具		板式家具是使用不同规格的人造板材，再以五金件连接的家具，靠比例、色彩和质感，来传达北欧风格的美感。
符合人体曲线的家具		"以人为本"是北欧家具设计的精髓，注重从人体结构出发，讲究它的曲线如何与人体接触时达到完美的结合。

北欧风格的装饰不多，但精致

北欧风格注重的是饰，而不是装，北欧的硬装大都很简洁，室内白色墙面居多。早期在原材料上更追求原始天然质感，譬如说实木、石材等，没有烦琐的吊顶。后期的装饰非常注重个人品位和个性化格调，饰品不会很多，但很精致。

TIPS：照片墙在北欧风格家居中的运用

在北欧风格中，照片墙的出现频率较高，其轻松、灵动的身姿可以为北欧家居带来律动感。有别于其他风格的是，北欧风格中的照片墙，相框往往采用木质，这样才能和本身的风格达到协调统一。

流畅的线条体现出北欧风格的简约特征

北欧家居风格以简约著称，注重流畅的线条设计，代表了一种回归自然、崇尚原始的韵味，外加现代、实用、精美的艺术设计，反映出现代都市人进入新时代的某种取向与旋律。

大窗户加流畅的线条，令北欧风格的家居显得宽敞而明亮。

家居空间主要包括客厅、餐厅、

卧室、书房、厨房、卫浴等，

不同空间需要注意的设计要点各有不同。

同时由于户型大小、形状等因素

导致了家居空间在设计时，

需要采用一些设计技巧来达到最终的设计

效果。

Chapter ❸
空间设计

客厅设计

卧室设计

餐厅设计

书房设计

客厅设计

家居"第一空间"

 设计要点

①空间宽敞化。客厅的设计中，宽敞的感觉可以带来轻松的心境和欢愉的心情。

②空间最高化。客厅是家居最主要的公共活动空间，无论是否做人工吊顶，都必须确保空间的高度。

③景观最佳化。必须确保从哪个角度所看到的客厅都具有美感，也包括主要视点（沙发处）向外看到的室外风景的最佳化。

④照明最亮化。客厅应是整个居室光线（不管是自然采光还是人工采光）最亮的地方。

⑤风格普及化。客厅风格不宜过于标新立异，需被大众接受。

⑥材质通用化。地面材质适用于绝大部分或全部家庭成员。如果在客厅铺设太光滑的砖材，则可能会对老人或小孩造成伤害或妨碍他们的行动。

⑦动线最优化。家具摆放需合理，布局应顺畅，不要出现交叉动线。

客厅设计应结合具体情况

客厅的空间设计没有什么固定模式，应结合各自的具体情况，在实用美观的前提下加强艺术表现，客厅首先应拥有较完善的生活设施，使人们的各种活动能在良好的条件下获得舒适便利的效果。在设计原则上，客厅的位置宜居于住宅的中心区，并接近主入口，但应避免直接通过主入口而向外暴露。客厅应保证良好的日照，并应尽可能选择室外景观较好的位置，这样不仅可以充分享受大自然的恩赐，更可感受到视觉与空间效果上的舒服与伸展。

客厅接近居室的中心区，采用良好采光的大窗户。

客厅设计要尽量达到全家人的共识

　　客厅是一家人居住、相处的公共空间，要赋予客厅何种功能，最好要符合一家人的需求和共识。从功能方面考虑，由家人的生活习性与交际来决定客厅的硬件设备，如对于爱看电视的家庭可加强电视柜的设计，对于爱听音乐的家庭则要讲究音响品质。

在客厅中加强电视柜的设计。

客厅装修要遵循实用性原则

　　客厅空间更多追求的是实用，因此应尽量少做繁复的设计，无论在材料上、装修上都要主次分明。重点装修的地方，可选择相对高档的材料，这样看起来会比较有格调；其他部位则可采用简洁的设计，材料普通化、做工简单化即可。

客厅一整面墙设计成书柜，省去了壁板的运用，增加了客厅的实用功能。

Tips：省去壁板的使用

如果客厅选用整面墙的柜子，不妨省去壁板，但前提是墙面没有渗水的问题，因为壁板具有防潮的功能。同时不用壁板的话，承重也一定要考虑，最好不要放置太重的物品。

客厅的面积宜大不宜小

由于客厅是全家人活动的公共空间，因此宜大不宜小。如果客厅面积不够大，不妨与餐厅或其他弹性空间做开放式结合，在整体上营造出一个大面积的家居空间，为家人创造出更多地活动空间。

客厅与餐厅分别位于玄关过道的两边，而不做分隔，这种设计手法既省时又省力，同时在视觉上扩大了客厅的面积。

一看就懂的装修设计书

客厅的三大功能分区

分区		描述
会客区		会客区一般以组合沙发为主。组合沙发轻便、灵活、体积小、扶手少、能围成圈，又可充分利用墙角空间。会客时无论是正面还是侧面相互交谈，都有一种亲切、自然的感觉。
视听区		电视与音乐已经成为人们生活的重要组成部分，因此视听空间成为客厅的一个重点。现代化的电视和音响系统提供了多种式样和色彩，使得视听空间可以随意组合并与周围环境成为整体。
学习区		学习区也叫休闲区，应比较安静，可处于客厅某一隅，区域不必太大，营造舒适感很重要。并与周围环境成为整体。

客厅的多功能用途

为了配合家庭各种群体的需要，在空间条件许可下，可采取多用途的布置方式，分设聚谈、音乐、阅读、视听等多个功能区位，在分区原则上，对活动性质类似，进行时间不同的活动，可尽量将其归于同一区位，从而增加活动空间，减小用途相同的家具的陈设，反之，对性质相互冲突的活动，则宜调于不同的区位，或安排在不同时间进行。

利用搁架来作为书房功能的体现，使得客厅与书房得到合理搭配。

不同类型客厅的设计要点

1 大客厅：注意空间的合理分隔。一般可以分为"硬性分区"和"软性分区"两种。硬性分区指通过隔断等设置，使每个功能性空间相对封闭，并使会客区、视听区等从大空间中独立出来。但这种划分会减少客厅的使用面积。软性划分是目前大客厅比较常见的空间划分方法，常用材料之间、家具之间、灯光之间等的"暗示"来区分功能空间。

2 小客厅：设计重点是实用，设计简洁的家具是小客厅的首选。另外可以利用冷色调扩展小客厅的心理空间和视觉空间。

3 长条形客厅：可以将沙发和电视柜相对而放，各平行于长度较长的墙面，靠墙而放。再根据空间的宽度，选择沙发、电视、茶几等的大小。

4 三角形客厅：可以通过家具的摆放来弥补，使放置了家具以后的空间格局趋向于方正。另外，在用色上最好不要过深，要以保持空间的开阔与通透为主旨。

5 弧形客厅：选择客厅中弧度较大的曲面作为会客区；也可以在家具的选择上弥补空间缺憾。比如沿着弧形设置一排矮柜，可存放物品，既美观又有效利用了空间。

6 多边形客厅：可将多边形客厅改造成四边形客厅，有两种方法，一种为扩大后改造，即把多边形相邻的空间合并到多边形中进行整体设计；另一种为缩小方式，把大多边割成几个区域，使每个区域达到方正的效果。

餐厅设计

美食承载地

 设计要点

①顶面：应以素雅、洁净材料做装饰，如漆、局部木制、金属，并用灯具作衬托。

②墙面：齐腰位置考虑用些耐磨的材料，尽量选择环保无害材料，如选择一些木饰、玻璃、镜子做局部护墙处理，营造出一种清新、优雅的氛围，以增加就餐者的食欲，给人以宽敞感。

③地面：选用表面光洁、易清洁的材料，如大理石、地砖、地板等。

④餐桌：方桌、圆桌、折叠桌、不规则型桌，不同的桌子造型给人的感受也不同。方桌感觉规正，圆桌感觉亲近，折叠桌感觉灵活方便，不规则型桌感觉神秘。

⑤灯具：灯具造型不要烦琐，但要有足够的亮度。可以安装方便实用的上下拉动式灯具；把灯具位置降低；也可以用发光孔，通过柔和光线，既限定空间，又可获得亲切的光感。

⑥绿化：餐厅可以在角落摆放一株你喜欢的绿色植物，在竖向空间上点缀以绿色植物。

⑦装饰：字画、壁挂、特殊装饰物品等，可根据餐厅的具体情况选择。

餐厅要体现轻松、休闲的氛围

餐厅应该是明间，且光线充足，能带给人进餐时的乐趣。餐厅净宽度不宜小于2.4m，除了放置餐桌、餐椅外，还应有配置餐具柜或酒柜的地方。面积比较宽敞的餐厅可设置吧台、茶座等，为主人提供一个浪漫和休闲的空间。

餐厅的面积较大，因此加入了酒柜设计和坐榻设计，增加了餐厅的休闲功能。

常见餐厅格局

分类		描述
独立式餐厅		最理想的餐厅格局，餐厅位置应靠近厨房。需要注意餐桌、椅、柜的摆放与布置须与餐厅的空间相结合，如方形和圆形餐厅，可选用圆形或方形餐桌，居中放置；狭长餐厅可在靠墙或窗一边放一个长餐桌，桌子另一侧摆上椅子，空间会显得大一些。
一体式餐厅－客厅		餐厅和客厅之间的分隔可采用灵活的处理方式，可用家具、屏风、植物等做隔断，或只做一些材质和颜色上的处理，总体要注意餐厅与客厅的协调统一。
一体式餐厅－厨房		这种布局能使上菜快捷方便，能充分利用空间。值得注意的是，烹调不能破坏进餐的气氛，就餐也不能使烹调变得不方便。因此，两者之间需要有合适的隔断，或控制好两者的空间距离。另外，餐厅应设有集中照明灯具。

餐厅格局需方正

如果条件允许，餐厅的格局最好要方正，以长方形或正方形的格局最佳，不可有缺角或凸出的角落。方正的格局有利于厨房家具的摆放，也在心理上给人以稳定感。

Tips：餐厅设计需要注意的事项

餐桌不可正对大门，若无法避免，可利用屏风挡住，以免视觉过于通透；另外，餐厅吊顶不宜有梁柱，若建筑物的结构无法变动，则可在梁柱下悬葫芦等饰物，避免直接压到餐桌。

餐厅的位置最好与厨房相邻

对于餐厅，最重要是使用起来要方便。餐厅无论是设计在何处，都要靠近厨房，避免距离过远，不便上菜，从而耗费过多的配餐时间。

格局合理的长方形餐厅在视觉上给人舒服的感觉，十分适合餐桌椅的摆放。

餐厅紧邻厨房而设，非常符合家居动线，主人可用最近的距离来传递美味。

　　在餐厅里，除了必备的餐桌和餐椅之外，还可以配上餐饮柜，能够放一些我们平时需要用得上的餐具、饮料酒水以及一些对于就餐有辅助作用的物品，这样使用起来更加方便，同时餐柜也是充实餐厅的一个很好的装饰品。

解 疑　客厅和餐厅共同挤在 15 m² 的空间里，如何处理才会不显拥挤？

　　如果客厅和餐厅共同挤在不到 15 m² 的空间里，就一定要注意小空间的功能分区。对于这种情况，只要根据自己的实际需要设计，用电视柜、沙发的围合形成会客区，并在客厅与餐厅中间加以适当的隔断区分即可。对于和餐厅共处一室的客厅而言，好处之一就是方便聚会。因为可以把餐厅的椅子搬到客厅，只要客厅有地方，朋友们都可以找到自己的座位。如果空间有限，还可以把大茶几换成小茶几，这样又能增加一些使用空间。

餐厅中可以增加视听功能

　　餐厅的主要功能为用餐空间，但如果在用餐的过程中，还可以观看喜爱的电视节目，则除了美食的满足之外，还可以享受到视听的愉悦。在餐厅中设置一台电视，无疑是为用餐时间增添乐趣的好方法；但需要注意的是，有孩子的家庭，这种设计手法需要慎重，避免孩子因过于沉迷电视节目，而影响进餐。

餐厅的空间较大，设计一处电视墙，为用餐时间增加乐趣。

卧室设计

家中温馨休憩地

 设计要点

①顶面：宜用乳胶漆、墙纸（布）或者局部吊顶，不应过于复杂。

②墙面：宜用墙纸、壁布或乳胶漆装饰，颜色花纹应根基住户的年龄、个人喜好来选择。

③地面：宜用木地板、地毯或者陶瓷地砖等材料。

④照明：卧室照明光线宜柔和，人工照明应考虑整体与局部照明。

⑤背景墙：卧室设计中的重头戏，设计上应多运用点、线、面等要素，使造型和谐统一，而富于变化。

⑥软装：窗帘帷幔可以令卧室充满柔情主义，是卧室必备软装。应选择具有遮光性、防热性、保温性以及隔音性较好的半透明的窗纱或双重花边的窗帘。

卧室装修合理分区的方式

1	**睡眠区**：放置床、床头柜和照明设施的地方，这个区域的家具越少越好，可以减少压迫感，扩大空间感，延伸视觉。
2	**梳妆区**：由梳妆台构成，周围不宜有太多的家具包围，要保证有良好的照明效果。
3	**休息区**：放置沙发、茶几、音响等家具的地方，其中可以多放一些绿色植物，不要用太杂的颜色。
4	**阅读区**：主要针对面积较大的房型，其中可以放置书桌、书橱等家具，位置应该在房间中最安静的一个角落，才能让人安心阅读。

卧室材料应具备吸音性、隔音性

卧房应选择吸音性、隔音性好的装饰材料，其中触感柔细美观的布贴，具有保温、吸音功能的地毯都是卧室的理想之选。而像大理石、花岗石、地砖等较为冷硬的材料都不太适合卧室使用。

大面积地毯和软包都令卧室呈现出柔软的氛围。

Tips：卧室带有卫浴的设计法则

若卧室里带有卫浴，要考虑到地毯和木质地板怕潮湿的特性，因而卧室的地面应略高于卫浴，或者在卧室与卫浴之间用大理石、地砖设一门槛，以防潮气。

主卧室应具有综合广泛的实用功能

主卧室一般处于居室空间最里侧，具有一定的私密性和封闭性，其主要功能是睡眠和更衣，此外还应设有储藏、娱乐、休息等空间，可以满足各种不同的需要。所以，主卧室实际上是具有睡眠、娱乐、梳妆、盥洗、读书、看报、储藏等综合实用功能的空间。

把衣帽间与浴室并列安排在主卧中，既增添了卧室的使用功能，又合理利用了空间。

次卧室学习区的设计很重要

次卧室的一侧设计成书桌，既合理利用了空间，又增加了实用功能。

一般情况下，次卧室处于居室空间中部，和主卧室一样也具有一定的私密性和封闭性。次卧室的主要功能是睡眠和学习，此外，次卧室的居住者一般都处在求学期，所以学习区的设计很重要，要考虑书桌、电脑桌的空间设定。

解疑　弧形卧室该怎样设计？

弧形卧室落地窗一般都很大，层高也比较高，卧室的采光条件很好。但是，圆弧形的空间不好摆放卧室的家具，方正的家具在卧室中多少会让人感觉不太协调。可以将弧形的落地窗加上弧形的木窗格或帷幔，以突出弧形卧室的特点。如果弧形房顶的边沿能再装上小射灯，就可以让弧线形光线在空间中交相辉映。

卧室飘窗的设计方案

分类		特点
飘窗变身卧榻		面积够大的飘窗，用垫子和靠枕可以打造一个可坐可卧的舒适空间，应尽量使用与卧室色调相近的浅色布艺品。
飘窗变身娱乐室		仅需在飘窗上放置两个榻榻米的圆垫子，或者加个小桌子，就可以轻松成为喝茶、下棋、聊天的好去处。
飘窗变为收纳区		可以利用飘窗下部的空间制作成收纳柜，收纳日常生活中的零碎物品，同时飘窗上的空间也可以摆放布绒玩具等温馨的装饰品或是书籍。
飘窗变身工作室		飘窗的高度一般都在及膝，所以搭配一款可移动的边桌，就可以坐在飘窗边看看书饮饮茶，高度正好，搭配也简单。

书房设计

家中文化气息最浓的地方

 设计要点

①墙面：适合上亚光涂料，壁纸、壁布也很合适，可以增加静音效果、避免眩光，让情绪少受环境影响。

②地面：最好选用地毯，这样即使思考问题时踱来踱去，也不会发出令人心烦的噪声。

③照明：采用直接照明或半直接照明方式，光线最好从左肩上端照射，或在书桌前方放置高度较高又不刺眼的台灯。宜用旋臂式台灯或调光的艺术台灯，使光线直接照射在书桌上。

④温度：书房中有电脑和书籍，房间温度最好控制在 0 ~ 30℃。

⑤通风：书房里有较多的电子设备，需要良好的通风环境。门窗应能保障空气对流畅顺，其风速的标准可控制在 1m/s 左右，有利于机器的散热。

⑥软装：书房是家中文化气息最浓的地方，不仅要有各类书籍，许多收藏品，如绘画、雕塑、工艺品都可装饰其中，塑造浓郁的文化气息。

书房材料应具有隔声性、吸声性

书房要求安静的环境，因此要选用那些隔声、吸声效果好的装饰材料。如吊顶可采用吸音石膏板吊顶，墙壁可采用PVC吸声板或软包装饰布等装饰材料，地面则可采用吸声效果佳的地毯；窗帘要选择较厚的材料，以阻隔窗外的噪声。

利用厚重的窗帘来阻隔噪声，方便而有效。

书房类型简介

分类		特点
半开放式书房		家中不能单辟一个房间来做书房，可选择半开放式书房。在客厅的角落，或餐厅与厨房的转角，或卧室里靠落地窗的墙面放置书架与书桌，自成一隅，却也与家里的空间和谐共处。
独立书房		独立书房受其他房间的影响较小，学习和工作效率较高，适合藏书、工作和学习。

运用玻璃使书房更加明亮透彻

对于一般的家庭来说，由于居室布局和面积的限制，书房往往不是采光和通风条件最好的房间，要是沿用以往的一般设计方法，书房往往容易给人过于沉重和压抑的感觉。因此不妨在书房中多采用玻璃材质，立刻就能营造出一种活泼跳跃的氛围。业主不仅可以在里面读书阅报、上网

书房的一面墙用镜面玻璃来塑造，在视觉上延展了空间。

工作，也可以透过玻璃和家人进行视觉沟通，让亲情时刻萦绕空间，从而为生活带来惬意的享受。

在书房放置同色系同一风格的沙发，不仅能彰显业主的家居品位，又能在此与朋友谈天说地。

书房可以增加会客和休憩功能

家中的会客空间一般设置在客厅，除此之外，书房的气质与功能也很适合作为会客空间。因此，不妨在书房中安排一副沙发，如果有条件还可以设置茶几，以作临时的会客区；此外，如果书房的面积够大，则可以摆放一张睡床，作为临时休息的空间。

厨房设计

家中的烹饪空间

①顶面：材质首先要重防火、抗热。以防火的塑胶壁材和化石棉为不错选择，设置时须配合通风设备及隔音效果。

②墙面：以方便、不易受污、耐水、耐火、抗热、表面柔软，又具有视觉效果的材料为佳。PVC壁纸、陶瓷墙面砖、有光泽的木板等，都是比较适合的材质。

③地面：地面宜用防滑、易于清洗的陶瓷块材地面；另外，人造石材价格便宜，具有防水性，也是厨房地板的常用建材。

④照明：灯光需分两个层次，一个是对整个厨房的照明，另一个是对洗涤、准备、操作的照明。

⑤其他：厨房首重实用，不能只以美观为设计原则；在设计上首先要考虑安全问题，另外也要从减轻操作者劳动强度、方便使用来考虑。

厨房设计应注意材料的高低搭配

厨房的装修材料最好沿用传统的选择方式，地面、墙面多采用瓷砖，其他家具采用密度板材，这样在满足使用功能的前提下，可以有更多的范围充分选择材料的高低搭配，从而节省装修费用。

厨房墙地面采用瓷砖铺设，橱柜为密度板材，合理的材料搭配，节约了预算。

常见厨房格局

分类		特点
一字形厨房		一字形厨房直线式的结构简单明了，通常需要面积7m²以上，长2m以上的空间。如果空间条件许可，也可将与厨房相邻的空间部分墙面打掉，改为吧台形式的矮柜，这样便可形成半开放式的空间，增加使用面积。
L形厨房		L形厨房的两面最好长度适宜，至少需要1.5m的长度，其特色就是将各项配备依据烹调顺序置于L形的两条轴线上。如果想要在烹调上更加便利，可以在L形转角靠墙的一面加装一个置物柜，既可增加收藏物品的容量，也不占用平面空间。
U形厨房		工作区共有两处转角，洗菜盆最好放在U形底部，并将配料区和烹饪区分设两旁，使洗菜盆、冰箱和灶台连成一个正三角形。平行之间的距离最好控制在1.2～1.5m，使三角形总长、总和在有效范围内。
走廊形厨房		将工作区安排在两边的墙面上，通常将清洁区和配菜区安排在一起，而烹调区安排在另一边。这种设计也能接收到从窗户投洒进来的太阳光。

厨房设计步骤应遵循一定顺序

设计时需要先确定煤气灶、水槽和冰箱的位置，然后再按照厨房的结构面积和业主的习惯、烹饪程序安排常用器材的位置，可以通过人性化的设计将厨房死角充分利用。例如，通过连接架或内置拉环的方式让边角位也可以装载物品；厨房里的插座均应在合适的位置，以免使用时不方便；门口的挡水应足够高，防止发生意外漏水现象时水流进房间；对厨房隔墙改造时，需要考虑到防火墙或过顶梁等墙体结构的现有情况，做到"因势利导，巧妙利用"。

Tips：厨房工作台面的选择要点

厨房的工作台面最好选择易清洗的材质，其中不锈钢材质是较好的选择，此外石材也非常流行，大理石、麻石都很理想。这些材质既高贵又实用，颜色花纹也很丰富。需要注意的是石材有时候会出现渗色的情况，如一杯红酒不慎洒在白色大理石上，如果不马上擦掉，酒色就会渗入石材里，从而留下不可磨灭的痕迹。由此来讲，麻石比大理石更加实用。

厨房中的合理高度	
1	工作台高度依人体身高设定，最佳高度为 800 ～ 850mm。
2	工作台面与吊柜底的距离需 500 ～ 600mm。
3	橱柜的高度以适合最常使用厨房者的身高为宜。
4	吊柜的最佳距地面高度为 145cm，为了在开启时使用方便，可将柜门改为向上折叠的气压门。吊柜的进深也不能过大，40cm 最合适。
5	放双眼灶的炉灶台面高度最好不超过 600mm。
6	抽油烟机的高度以使用者身高为准，而抽油烟机与灶台的距离不宜超过 60cm。

厨房可以增加洗涤功能

目前大多数人通常把洗衣机放在卫浴内，但是由于卫浴的湿度较大，这样的环境不适宜洗衣机的存放，从而使其使用寿命明显缩短。因此可以选择在厨房里设计洗衣的位置，既解决了上下水的问题，又因为厨房中一般都有抽油烟机，而不需要担心油污的问题。

把洗衣机放在厨房的橱柜下面，上面的台面也可以利用，既方便又美观。

解疑 厨房没有窗户，该怎样设计？

厨房里没窗户，则会产生很重的油烟，并会影响到厨房的光线，进而影响家人的健康。因此没有窗户的厨房必须特别注意排油烟，推荐用集成无烟灶，集成无烟灶把抽油烟机和燃气灶的功能集成一体，吸油烟的效果更有保障，还很节约空间。

卫浴设计

供居住者日常卫生活动的空间

 设计要点

①顶面：多为 PVC 塑料、金属网板或木格栅玻璃、原木板条吊顶。

②墙面：可为艺术瓷砖、墙砖、天然石材或人造石材。

③地面：地面材料要防滑、易清洁、防水，故一般地砖、人造石材或天然石材居多。

④通风：卫浴容易积聚潮气，所以通风特别关键。选择有窗户的明卫最好；如果是暗卫，需装一个功率大、性能好的排气换气扇。

⑤软装：绿色植物与光滑的瓷砖在视觉上是绝配，所选绿植要喜水不喜光，而且占地较小，最好只在窗台、浴缸边或洗手台边占一个角落。

卫浴材料的防潮性非常关键

由于卫浴空间是家里用水最多，也是最潮湿的地方，因此其使用材料的防潮性非常关键。卫浴间的地面一般选择瓷砖、通体砖来铺设，因其防潮效果较好，也较容易清洗；墙面也最好使用瓷砖，如果需要使用防水壁纸等特殊材料，就一定要考虑卫浴间的通风条件。

卫浴墙地面大量采用了陶瓷砖进行铺装，并拥有通风良好的大窗户，可以有效地防潮。

卫浴间中该选浴缸，还是淋浴？

　　许多家庭装修卫浴间时都会考虑是安个浴缸还是装个淋浴，虽然它们的功能差不多，但实际应用中还是存在着很多的差别。其一为方便程度不一样，浴缸因需经常擦拭，而比较麻烦；淋浴则无须经常清洁；其二从节约的角度讲，浴缸的耗水量较大，而淋浴用水较少；其三从空间的角度考虑，浴缸占用的空间较大且位置固定，淋浴则占地少，位置也很灵活；此外浴缸的造价相对而言比淋浴要高，且安装较复杂。因此对于普通家庭而言，淋浴更为合适。

卫浴通风设计的方式

1	**自然通风：** 自然通风有很多好处，通风不受时间限制，有利于室内空气的交换，保持干燥，在夏天时，开窗还能降低室内的温度。
2	**人工通风：** 人工通风可以在卫浴间的吊顶、墙壁、窗户上安装排气扇，将污浊空气直接排到通风管道或室外以达到卫浴间通风换气的目的。有的家庭装修时装了排气扇，便把窗户封死了，结果使用时很不方便。因为用排气扇只能用一时，排除异味自然没问题，但不能保证卫浴间的空气清新和干燥。

卫浴布局合理才能节省空间

　　卫浴的布局要根据房间大小、设备状况而定。有的业主把卫浴间的洗漱、洗浴、洗衣、排便组合在同一空间中，这种办法节省空间，适合小型卫浴。还有的卫浴较大，或者是长方形，就可以用门、帐幕、拉门等进行隔断，一般是把洗浴与排便放置于一间，把洗漱、洗衣放置另一间，这种两小间分割法，比较实用。

 卫浴中的三大件该如何合理摆放？

　　合理安排洗脸盆、坐便器、淋浴间这"卫浴三大件"的基本方法为从卫浴门口开始，逐渐深入。其中，最理想的布局方式是洗脸盆向着卫浴门，而坐便器紧靠其侧，把淋浴间设置在最里端。这样无论从实用、功能还是美观上来说都是最为科学的设计。

常见卫浴格局

分类	特点
斜顶卫浴	这类卫浴要根据空间的实际情况安排洁具，功能区的划分应根据倾斜的程度而定。如果卫浴是全落地式斜顶或斜顶下方特别低的话，不妨选择适合的浴缸，这样能利用倾斜的角度，大大提高空间的舒适性；如果空间足够大，人在斜顶下还可以站立活动，可以试试选择墙式坐便器，墙面上可设置一些收纳格，用来存放卫浴用品，从而增加空间的利用率。
狭长形卫浴	这类卫浴设计的难度比较大，虽然面积不小，但是由于宽度有限，洁具的摆放多少会受到限制。想要解决这一问题，最好的办法就是选择一些特种洁具，如嵌入式的浴缸等。收纳问题也不容易解决，因为安装卫浴柜会占据空间，不妨试试在一面墙挖凹槽，制作出搁物台。
多边形、弧形卫浴	这类卫浴总是有个角落与众不同，不好好地规划，很难加以利用。如果空间比较小，不妨把不规则的一角作为淋浴室，然后用玻璃或浴帘作隔断，让余下的空间显得更为完整。如果卫浴面积比较大，可以选择一些造型独特的洁具，让它们成为空间的装饰，吸引人的注意力。

卫浴可以加入视听功能

由于现代人越来越会享受生活，因此在卫浴中加入视听功能是很多业主选择的方向，这样可以泡澡、娱乐两不误。需要注意的是，由于电器的加入，在装修时最好先将插座预留好，以免日后重新布线增麻烦。此外还要做好防水处理。

在卫浴的一面墙上安置液晶电视，为洗浴时间带来了惬意的视听享受。

卫浴地漏设计四大要点

1	地漏水封高度要达到 50mm，才能不让排水管道内的气泛入室内。
2	地漏应低于地面 10mm 左右，排水流量不能太小，否则容易造成阻塞。
3	如果地漏四周很粗糙，则容易挂住头发、污泥，造成堵塞，还特别容易繁殖细菌。
4	地漏箅子的开孔孔径应该控制在 6 ~ 8mm，这样才能有效防止头发、污泥、沙粒等污物进入地漏。

衣帽间设计

供居住者存储、收放、更衣和梳妆的专用空间

 设计要点

①面积：面积应在 4m² 以上，方可保证居住者充裕的活动空间。

②分区：衣帽间内部需根据衣物的品类分区，一般分挂放区、叠放区、内衣区、鞋袜区和被褥区。

③家具：柜子尺寸与周边墙体要留出至少 5cm 的余量，以便于实地安装。

④五金件：要选用做工精良的五金件，质量差的五金件会对以后再维修造成麻烦。

⑤其他：为节省空间，其大门多设计为推拉式，里面的衣橱一般不用做门，或用透明玻璃做道防尘门，方便选衣时一目了然。

衣帽间三大分类

分类		特点
开放式		适合希望在一个大空间内解决所有功能需求的年轻人。其优点是空气流通好，宽敞。缺点为防尘差，可采用防尘罩悬挂衣服，用盒子来叠放衣物。
独立式		适合住宅面积大，有较多衣物，需要较大存放空间的家庭。特点是防尘好，储存空间完整，并提供充裕的更衣空间，但要求房间内照明要充足。
嵌入式		适合面积较小的家庭。在家居中找到一个不小于 4 ㎡ 的空间，依据空间形状，制作几组衣柜门和内部间隔，做成嵌入式衣帽间。嵌入式衣帽间比较节约面积，空间利用率高，容易保持清洁。

根据户型特点决定衣帽间的位置

　　面积较大的居室，主卧室与卫浴室之间以衣帽间相连，较佳，可以让衣帽间功能性极大释放。而有着宽敞卫浴的家居，可利用其入口做一排衣柜，再相应设置大面积穿衣镜以延伸视觉，使日常生活更方便快捷。如果居室恰好拥有夹层布局，则可利用夹层以走廊梯位做一个简单的衣帽间。此外，衣帽间也可根据户型的特点，设计在走廊尽头或者楼梯下的畸零空间。

将衣帽间与卫浴相结合，实用而便捷；而上下分隔的衣柜也将主人的衣物清晰地呈现。

衣帽间设计要考虑人性化

　　衣帽间的人性化可以体现在将空间进行简洁合理的划分上，如使用搁板和金属挂件将衣物分空间放置；也可以在衣帽间里设计坐墩，方便主人换取衣服；此外也可以在衣帽间中搁置熨衣板等实用的家居用品。这些小细节都是衣帽间中人性化的体现。

在衣帽间中放置熨衣板，是非常实用的设计手法。

解疑　常出差的单身商务人士该如何规划衣帽间？

　　常出差的单身商务人士的特点是要频繁取放衣物、社交活动多、生活与工作状态反差大，那么衣帽间就应当高效且清晰，因此按服饰类别分区最为适合，将不同场合的服饰清晰分开，寻找起来非常快捷，同时箱包区要设立在拿取方便的位置，以配合频繁的使用。

玄关设计

居室入口区域

①顶面：需和客厅的吊顶结合起来考虑；可以是自由流畅的曲线；也可以是层次分明、凹凸变化的几何体；也可以是大胆露骨的木龙骨，上面悬挂点点绿意。

②墙面：配色最好以中性偏暖的色系为宜，常用材料为壁纸和乳胶漆。

③地面：玄关地面是家里使用频率最高的地方，其材料要具备耐磨、易清洗的特点，一般常用铺设材料有玻璃、木地板、石材或地砖等。

④灯光：玄关照明要避免只依靠一种光源提供照明，应体现出层次感。

⑤软装：软装选择要少而精，并且体积不宜过大。

一看就懂的装修设计书

三大常见玄关分类

分类		特点
独立式玄关		面积较大，可选择多种装潢形式进行处理。一般设计一整面墙体设置鞋柜和装饰柜，且柜体功能多样，能满足储藏、倚坐等多项起居需求，功能性较强。
邻接式玄关		与客厅相连，没有较明显的独立区域。可使其形式独特，但要考虑到风格形式的统一，装饰柜及鞋柜不宜完全阻隔，这样的话，在视觉上可融为一体。
包含式玄关		玄关包含于客厅之中，稍加修饰，就可成为整个厅堂的亮点，既能起分隔作用，又能增加空间的装饰效果。

玄关应选择合适的材料进行设计

玄关装修中，选择合适的材料，才能为整体居室起到"点睛"的作用。如玄关地面最好采用耐磨、易清洗的材料；墙壁的装饰材料，一般都和客厅墙壁统一，不妨在购买客厅材料时，多预留一些。

玄关地面材料选用抛光砖，既耐磨，又较容易清洁。

玄关间隔高度应适中

玄关间隔不宜太高或太低，而要适中。若是玄关间隔太高，身处其中便会有压迫感；也会阻挡屋外之气，从而隔断了来自室外的新鲜空气或生气。而玄关间隔太低，则失去了玄关分隔的效果。

因此，玄关分隔一般以2m的高度最为适宜。玄关间隔的下面可以做成柜子，高88cm左右；上面可做成博古架。

玄关处的收纳柜不仅起到了分隔空间的作用，也起到了很好的装饰效果。

解疑 空间有限，没法设玄关，但又不想放弃遮挡，怎么办？

现代都市的住宅普遍面积狭窄，若再设置传统的大型玄关，则明显会感觉空间局促，难以腾挪，所以折中的办法是用玻璃屏风来做间隔，这样既可防止外气从大门直冲入客厅，同时也可令狭窄的玄关不显得太逼仄。

过道设计

居室内的水平交通空间

设计要点

①顶面：过道吊顶宜简洁流畅，图案以能体现韵律和节奏的线性为主，横向为佳。吊顶要和灯光的设计协调。顶面尽量用清浅的颜色，不要造成凌乱和压抑之感。

②墙面：一般不要做过多装饰和造型，以免占用过多的空间。添加一些具有导向性的装饰品即可。

③地面：地面最好用耐磨易清洁的材料，地砖的花纹或者木地板的花纹最好横向排布。

④灯光：明亮的光线可以让空间显得宽敞，也可以缓解狭长过道所产生的紧张感。过道常用多个筒灯、射灯、壁灯营造光环境。

⑤软装：过道墙面饰品要精而简，布置要有节奏感。

三种过道设计方案

方案		描述
封闭式且狭长的过道		可在过道末端做观景台，也可以借助造型打破格局，如做弧形边角处理，增加墙面变化来吸引注意力。
开放式且宽敞的过道		可以从顶面和地面来区分它的空间，做顶面地面造型或材质的呼应，也可以在地面做地花引导，来凸显过道的功能。
半开放式且宽敞的过道		墙面可作为设计重点，通过材质的凹凸变化，丰富的色彩和图案等增加过道的动感。

利用镜子避免过道过于狭长

  过道应尽量避免狭长感和沉闷感。如果过道较窄，可考虑"以墙为镜"，即在过道的一面墙壁上镶嵌镜子，在视觉上来扩大过道的空间。最好的方式是在墙面上镶一块较宽大的花色玻璃镜面，四周用银白色铝合金条镶框，由于镜面玻璃是不着地的，在镜面墙脚端放些盆花加以衬托，形成上下对景呼应。

利用黑镜与装饰板材相结合的设计方式，无形中放大了过道的面积。

留白处理可以使过道更显宽敞

  令过道看起来更宽敞，可以采用留白的方式。留白，顾名思义就是留下相应的空白；如果将这种手法运用到家居设计中，不仅可以从视觉和心理上给人留有余地，而且还非常吻合如今流行的"可持续发展"概念。"留白"手法在家居设计中非常适合运用在像过道这种小空间中，既可以在视觉上拓宽维度，又能为家居环境塑造出整洁的"容颜"。

过道因纯净的白色而显得非常整洁、干净，仅用缠绕藤蔓的密度板隔断，来点染空间的精致。

过道设计的注意事项

1	过道不宜设在房屋中间，这样会将房子一分为二。
2	过道不宜超过房子长度的 2/3。
3	过道不宜占地面积太多，过道越大，房子的使用面积自然会减少。
4	过道不宜太窄，宽度通常为 90cm；这样的过道两人同时过还会稍嫌过窄，因此 1.3m 是最为合适的。

楼梯设计

令居住者顺利上下两个空间的通道

 设计要点

①环保性：如同所有家具一样，楼梯也可能挥发有害化学物质，因此在选择材料时，要选择环保材料。

②安全性：楼梯的安全性首先体现其承重能力上；再次楼梯的所有部件应光滑、圆润，没有突出的、尖锐的部分，以免对家人造成伤害。

③舒适性：如果采用金属作为楼梯的栏杆扶手，最好在金属的表面做一下处理，以防止金属在冬季时的冰冷不适之感。

④美观性：楼梯的风格要与整个家居的装饰相协调。

一看就懂的装修设计书

楼梯参数标准

1	楼梯吊顶的高度（楼阶的前端至天花板的距离）一般以 2m 左右为宜，最低不可少于 1.8m，否则将产生压迫感。
2	两根栏杆的中心距离不要大于 12.5cm，不然小孩的头容易伸出去。
3	楼梯扶手的合理高度应到人体腰部的位置，一般在 80 ~ 110cm。
4	楼梯的扶手直径以 5.5cm 为宜，因为人的虎口一般为 5.5cm，扶起来会非常舒服。
5	楼梯的理想阶高应为 15 ~ 21cm，阶面深度为 21 ~ 27cm，这是上下楼梯时最为轻松舒适的幅度。
6	楼梯的阶数一般为 15 阶左右。

楼梯的形态分类

分类		特点
直梯		最为常见，也最为简单；但占用的空间较多，小型公寓房中用得较少。
L 形梯		如果阁楼开口较小，建议选用紧凑型 L 形梯，其踏板长度仅为 60cm。小公寓房中选用较多的为带拐角的 L 形梯。
U 形梯		U 形梯占用空间较大，适用于大面积居室。
弧形梯		以曲线来实现上下楼的连接，美观，可以做得很宽，是行走起来最为舒服的一种楼梯。
旋梯		空间的占用最小，盘旋而上的蜿蜒趋势也增添了空间美观度。

楼梯空间应充分利用

居室中的楼梯在安装之后，往往会在下面出现一个空荡的空间，如果不做设计，就会令空间产生比例失调的感觉。因此可以将其布置成一个休闲区，既实用，又增强了空间的美观度；此外也可以利用楼梯下的墙面制造一面电视背景墙，与客厅功能恰到好处地融合。如果楼梯是直上直下式，还可以将这个下部的三角形空间布置成入墙书柜。

解疑　小·空间中应该怎样设计楼梯？

如果居室的空间不大，可以考虑 L 形或螺旋式楼梯，并且在材料和样式上都应该以视觉轻、透、现代感强的为宜。楼梯踏板最好不要做封闭处理。这样的设计可以为空间带来视觉上的开阔感，于无形中放大了空间的面积。

阳台设计

居室最接近自然的地方

 设计要点

①顶面：有多种做法，葡萄架吊顶、彩绘玻璃吊顶、装饰假梁等；但阳台面积较小时，可不用吊顶，以免产生向下的压迫感。

②墙面：阳台墙面既可以不做装饰，也可以设计花架，塑造一面鲜花墙，或用木材来做造型。

③地面：内阳台地面铺设与房间地面铺设一致可起到扩大空间的效果。

④栏杆和扶手：为了安全，沿阳台外侧设栏杆或栏板，高约1m，可用木材、砖、钢筋混凝土或金属等材料制成，上加扶手。

⑤排水处理：为避免雨水泛入室内，阳台地面应低于室内楼层地面30～60mm。

开放式阳台优缺点对比

优点	①拥有开放式阳台，就表示可以尽情地享受阳光雨露。晒衣物、通风，一切随意。 ②商品房阳台销售面积的计算一般根据阳台是否封闭分别进行：封闭式阳台的面积按100％计算，开放式阳台面积按50％计算，因此开放式阳台更省钱。 ③可以对自己的阳台进行精心布置，让阳台成为别具风格的小花园，带来亲近自然的室内环境。
缺点	①天气冷、雨雪天气时，人都不宜待在阳台，受天气影响大。 ②受外界的噪声、烟尘污染影响大。

封闭式阳台优缺点对比

优点	①阳台封闭后，多了一层阻挡尘埃和噪声的窗户，有利于阻挡风沙、灰尘、雨水、噪声的侵袭，可以使相邻居室更加干净、安静。 ②在北方冬季可以起到保暖作用；阳台封闭后可以作为写字读书、健身锻炼、储存物品的空间。 ③可作为居住的空间，等于扩大了卧室或客厅的使用面积，增加了居室的储物空间。

缺点	①阳台封闭后影响了阳光直接照射房间,不利于室内杀菌。 ②不利于空气流通。 ③使居室与外界隔离,阳台顾名思义是乘凉、晒太阳的地方,封闭之后人就缺少了一个直接享受阳光、呼吸新鲜空气、望远、纳凉乃至种花养草的平台。

阳台材料应选用天然材料

　　阳台是居室最接近自然的地方,应尽量考虑用自然的材料,避免选用瓷片、条形砖这类人工的、反光的材料。天然石和鹅卵石都是非常好的选择,光着脚踏上阳台,让肌肤和地面亲密接触,感觉舒服自在,鹅卵石对脚底有按摩作用,能舒缓疲劳。而且,纯天然的材料更容易与室内装修融为一体,用于地面和墙身都很合适。

阳台的多功能设计

功能分类		描述
阳台休闲区		在阳台上摆放座椅、躺椅或摇椅等,就可以变身为一个休闲区。闲时可以在此或阅读,或小憩。
阳台花园		把阳台改造成花园很简单,漂亮的植物和水景不论怎样搭配都别有韵味。
书房工作间		阳台一般都挨着客厅或卧室,将其设计为书房工作间既很好地利用了空间的组合,又满足了晒太阳的生活需要。
阳台厨房与餐区		阳台厨房的改造要考虑承重、燃气、电源和上、下水的条件;但阳台餐区,只需要将餐桌椅放置在阳台环境中,就大功告成了。
亲子游乐园		阳台光线充足,环境好,同时比较适合改造为不同的游戏场景。选择面积较大的阳台,能够使孩子放开手脚玩耍。
阳台收纳		可以在阳台处摆放具有收纳功能的柜子,用以协助完成日常收纳,既整洁,又合理利用了空间。

家居细部设计是一个相对概念，

包括墙面、顶面、地面、隔断，

这些相对其他大空间而言，较为细部的设计。

其中，墙面设计可以将业主的品位展现得淋漓尽致

顶面设计的造型多变，

每一种都能创造出不同的装饰效果；

地面设计相对美观度来说，更注重耐用性；

隔断设计则是家居中分隔不同空间的常用手段。

Chapter ④
细部设计

墙面设计

地面设计

顶面设计

隔断设计

墙面设计

家居中的点睛之笔

 设计要点

①墙面设计可以选择的材料很多，可以根据不同的装修档次来选择。简单装修常用材料为乳胶漆、壁纸、釉面砖、石膏板造型等；中档装修的材料一般为石材、烤漆玻璃、软包等；高档装修的材料可以选择天然石材，以及多种材料进行搭配。

②墙面设计的配色和家居风格有着很大的关系，不同风格，所选用的墙面色彩也有所不同。

③墙面设计的造型多样，可以打造搁板增强收纳；也可以绘制手绘墙，为家居增彩；或者大面积留白，为日后生活变化留有余地等。

客厅墙面设计材料选择较多，但搭配合理，十分和谐。

客厅墙面设计应着眼整体

客厅墙面的装修首先就是着眼整体，考虑整个室内的空间、光线、环境以及家具的配置、色彩的搭配等诸多因素。从色彩的心理作用来说，不同颜色会给空间带来不同效果，如狭长的空间，可以在长的两面墙上涂上冷色，给人以扩大的视觉感受。另外，客厅墙面可用的材料有很多，如壁纸、乳胶漆、玻璃、金属、石材及天然板材等。墙面的选材应结合空间大小、空间功能、情趣修养来加以考虑，如果空间狭窄，以镜面、玻璃等材料饰面，局部混搭个性饰品，可使空间获得延展。

五大墙面类型

类型	特点
照片墙 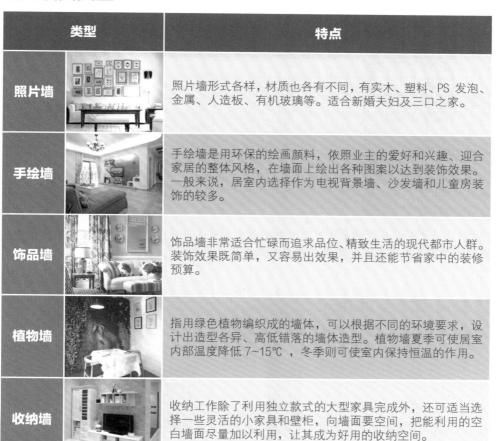	照片墙形式各样，材质也各有不同，有实木、塑料、PS 发泡、金属、人造板、有机玻璃等。适合新婚夫妇及三口之家。
手绘墙	手绘墙是用环保的绘画颜料，依照业主的爱好和兴趣、迎合家居的整体风格，在墙面上绘出各种图案以达到装饰效果。一般来说，居室内选择作为电视背景墙、沙发墙和儿童房装饰的较多。
饰品墙	饰品墙非常适合忙碌而追求品位、精致生活的现代都市人群。装饰效果既简单，又容易出效果，并且还能节省家中的装修预算。
植物墙	指用绿色植物编织成的墙体，可以根据不同的环境要求，设计出造型各异、高低错落的墙体造型。植物墙夏季可使居室内部温度降低 7~15℃ ，冬季则可使室内保持恒温的作用。
收纳墙	收纳工作除了利用独立款式的大型家具完成外，还可适当选择一些灵活的小家具和壁柜，向墙面要空间，把能利用的空白墙面尽量加以利用，让其成为好用的收纳空间。

电视背景墙是客厅的核心区域

电视背景墙是居室背景墙装饰的重点之一，在背景墙设计中占据相当重要的地位，电视背景墙通常是为了弥补家居空间电视区的空旷，同时起到装饰电视区的作用。客厅中的电视背景墙设计可以采用的设计手法很多，如手绘墙形式、收纳墙形式，或者仅仅是留白加装饰画的处理方式，只要和居室的风格相符，就能成为客厅中的核心区域。

电视背景墙上的孔雀手绘图，将家中典雅的气质渲染得淋漓尽致。

电视背景墙的四大造型种类

种类	特点
对称式（也称均衡式）	一般给人比较规律、整齐的感觉。
非对称式	一般比较灵动，感觉比较个性。
复杂构成	复杂构成和简洁造型都要根据具体风格来定，达到与整体风格相统一才是最好。
简洁造型	

备注：一般来说，任何造型都需要实现点、线、面的结合，这样既能达到突出电视背景墙，又能与整个家居环境相协调。

沙发背景墙不要用过多材料堆砌

沙发上方的空白似乎专为烘托宾主聚会的氛围而留出的。为了能创造和谐的谈话氛围，可以选择一些业主喜爱的装饰品，这样会在不知不觉中增加主客之间的话题。但不要试图用过多的材料来堆砌，否则人坐在沙发上会觉得身后感觉很压抑。

沙发背景墙采用乳胶漆涂刷，再设计照片墙，形式自由，又不显繁杂。

一看就懂的装修设计书

解疑　怎样把主题墙和其他墙面的层次拉开？

想要把主题墙与其他墙面的层次拉开，可以利用材料和颜色的对比，比如整个面都用墙纸或整个面做一个颜色，或整个面都用某一种材质。通俗地说，就是形状上还和别的墙一样，只是用颜色、材质来区分。

餐厅墙面可用特殊材质烘托格调

餐厅墙面材料中内墙乳胶漆较为普遍，一般选择偏暖的色调。为了整体风格的协调，餐厅需要一个较为风格化的墙面作为亮点，这面墙可以着重描绘一下，采用一些特殊的材质来处理，用肌理效果来烘托出不同格调的餐厅，有助于设计风格的表达。

红色乳胶漆令餐厅墙面十分夺目，独特造型与众多装饰将墙面装饰得更加灵活。

玄关墙面配色和材料选择应合理

玄关墙面色调是视线最先接触的地方，最好以中性偏暖的色系为宜。而选择合适的材料，才能起到"点睛"作用。一般设计玄关常采用的墙面有木材、夹板贴面、雕塑玻璃、喷砂彩绘玻璃、镶嵌玻璃、玻璃砖、镜屏、不锈钢、塑胶饰面材以及壁毯、壁纸等。

淡雅的花朵图案壁纸令玄关的田园风情尽数呈现。

卧室墙面可以"移植"于客厅

卧室背景墙的主要手法就是将客厅装修设计"移植"过来。配色上应该以宁静、和谐为主旋律。材料的选择范围可以很广，任何色彩、图案、冷暖色调的涂料、壁纸均可使用；但值得注意的是，面积较小的卧室，材料选择的范围相对小一些，小花、偏暖色调、浅淡的图案较为适宜。同时，卧室墙面要考虑墙面材质与卧室家具材质和其他饰品材质的搭配，以取得整体配置的美感。

卧室墙面的设计元素较多，但很和谐，使居室中的乡村风情得到很好表达。

过道墙面应结合相连空间进行设计

　　在色彩设计中，过多的色彩参与往往会令过道显得纷杂，在色彩上做减法可以减去突兀的旁色或者分散注意力的杂色。运用无彩色系，单色系或者协调色系，就能够营造出温馨而贴近生活的色调。过道墙面的装饰效果由装修材料的质感、线条图案及色彩等三方面因素构成，最常见的装饰材料有涂料和壁纸。一般来说，过道墙面可以采用与居室颜色相同的乳胶漆或壁纸。如果过道连接的两个空间色彩不同，原则上过道墙面的色彩与面积大的空间相同。

过道色彩沿用相邻空间中的白色和绿色，与整个大环境协调统一。

　　过道空间较为狭长，其端头可以说是最容易出彩的地方，不妨在这儿做一些造型或者装饰，让它成为空间的视觉焦点。

六大家居风格的墙面设计

风格		特点
现代风格		现代风格墙面的设计要考虑到整个室内的空间、光线、环境以及家具的配置、色彩的搭配和处理等诸多因素。应以简洁为好，色调最好用明亮的颜色。材料一般用人造装饰板、玻璃、皮革、金属、塑料等；并用直线、几何图形表现现代的功能美。
简约风格		简约风格中，墙面设计一般选择浅色系，如使用白色、灰色、蓝色、棕色等自然色彩。在材料选择上，纯色涂料、纯色壁纸、抛光砖、通体砖、镜面、烤漆玻璃、石材、石膏板造型等，都是很好的选择。
中式风格		中式风格其墙面装饰可简可繁，木雕制品及书法绘画作品均是墙饰首选；典型的中式图案，如来源于大自然中的花、鸟、虫、鱼等，也是体现中式风情的绝佳手段。在材料的运用上，木材、竹木、青砖、石材、装饰壁纸都是不错的选择。
欧式风格		欧式风格追求连续性、形体变化和层次感。室内墙面多用带有图案的壁纸、石材拼花、护墙板、软包等材料。色彩上欧式古典风格偏金黄色系和棕色系；新欧式风格的色彩选择较为多样。
田园风格		田园风格以舒适为向导，强调"回归自然"，注重色彩和元素的搭配。蓝色、黄色、绿色是墙面常用色彩。用材中，天然材料如木材、石材是田园风格的绝佳选择；此外，碎花壁纸、布艺墙纸也能很好地体现田园风格。
地中海风格		地中海风格墙面的主要颜色来源是白色、蓝色、黄色、绿色等，这些都是来自于大自然最纯朴的元素。墙面在选材方面，一般会采用马赛克、原木、白灰泥、花砖等，造型方面常用拱形。

顶面设计

营造丰富多彩的室内空间艺术形象

 设计要点

①选择吊顶装饰材料与设计方案时，要遵循既省材、牢固、安全，又美观、实用的原则。

②吊顶由装饰板、龙骨、吊线等材料组成。根据装饰板的材质不同，吊顶可分为石膏板吊顶、金属板吊顶、玻璃吊顶、PVC板吊顶等，石膏板造价相对便宜，PVC板次之，金属板最耐用但价格较高。

③厨房、卫浴吊顶要便于清洁，另外还要具有防潮、抗腐蚀的特性，通常用扣板做全面吊顶。

④吊顶一定要牢固，否则掉下来会砸伤人或砸坏物品。

客厅吊顶要和整个居室风格一致

客厅吊顶装修不仅要美观大方，保持和整个居室的风格一致，还要使客厅保持宽敞明亮，避免产生压抑昏暗的效果。一般应取轻浅、柔和的色彩，给人以洁净大方之感。但从整个房间装饰效果来看，如果顶面全是白色，则过于单调。因此，顶面色彩可稍作变化。客厅吊顶的材料多样，有轻钢龙骨石膏板、石膏板、夹板、异形长条铝扣板、方形镀漆铝扣板、彩绘玻璃、铝蜂窝穿孔吸音板等。

白色吊顶整洁、大方，凹凸式设计又不显单调。

五大吊顶种类

种类		特点
平面吊顶		平面吊顶相当于给顶面加了个平板，通常会在里面加辅助光源。一般用于玄关、餐厅等面积较小的区域。若使用面积多，建议房高大于2.7m。常用材料为轻钢龙骨和石膏板。
凹凸式吊顶		为表面具有凹入或凸出构造处理的一种吊顶形式，造型复杂富于变化、层次感强。适用于客厅、玄关、餐厅等顶面装饰。常与灯具如吊灯、吸顶灯、筒灯、射灯等搭接使用。
悬挂式吊顶		是将各种板材等悬挂在结构层上的一种吊顶形式，富于变化动感。常用于客厅、餐厅、卧室等吊顶装饰。通过各种灯光照射产生出别致造型。
藻井式吊顶		在房间的四周进行局部吊顶，可设计成一层或两层，装修后有增加空间高度的效果，同时改变室内的灯光照明。但前提是房间必须高于2.85m，且房间较大。
穹形吊顶		即拱形或盖形吊顶。常出现在欧式风格的别墅，适合层高特别高或者顶面为尖屋顶的房间，要求空间最低点大于2.6m，最高点没有要求，常用材料有轻钢龙骨、石膏板、壁纸等。

餐厅吊顶应注重整体环境效果

餐厅吊顶应注重整体环境效果，同时顶面装饰应满足适用、美观的要求。应以素雅、洁净材料做装饰，如涂料、局部木制、金属等，并用灯具作衬托，有时可适当降低吊顶，可给人以亲切感。

解疑 吊顶和墙面怎么过渡？

吊顶与墙面中间可以用天花角线收边，类似画框功能。在吊顶与墙壁的色彩与材料不同时，也具有收尾效果。吊顶的色彩应选用色度弱、明度高的颜色，以增加光线的反射，扩大空间感。

卧室吊顶宜简不宜繁

卧室的吊顶宜简不宜繁、宜薄不宜厚。做独立吊顶时，吊顶不可与床离得太近，否则人会有压抑感。卧室吊顶色彩以统一、和谐、淡雅为宜，对局部的颜色搭配应慎重，过于强烈的对比会影响人休息和睡眠的质量。常用乳胶漆、多彩喷塑、壁纸等材料设计。

玄关吊顶要和整个空间相呼应

玄关虽然相对独立，但其吊顶绝不是独立的，一定要和整个空间相呼应。一般而言，在色彩选择方面，最保守同时也是最好的方法就是选择白色，然后局部混搭亮色。在选择玄关吊顶装饰材料时，要遵循既省材、牢固、安全，又美观、实用的原则，常用的材料有石膏板、夹板、玻璃等。

人体工程学、美学是过道吊顶设计的依据

过道吊顶装修须以人体工程学、美学为依据进行。从高度上来说，不应小于2.5m，否则，应尽量不做造型吊顶。过道吊顶的色彩在处理上要注意和相邻空间相适应，暖色调的过道可适当加一些饰物，营造一种亲切的感觉，冷色调的过道，设计、布置都应尽量简洁，这样空间会显得更宽敞明亮。

吊顶造型圆润，很好地中和了玄关空间的方正感，令玄关更富情调。

造型十足的吊顶很好地中和了狭长过道带来的逼仄感。

解疑　顶面有管道，但又不想全吊顶，该怎么处理？

局部吊顶是为了避免居室的顶部有水、暖、气管道，而且房间的高度又不允许进行全部吊顶的情况下，而采用的一种局部吊顶的方式。这种方式的最好模式是这些水、电、气管道靠近边墙附近，装修出来的效果与异形吊顶相似。

地面设计
耐磨、实用材料是首选

设计要点

①地面设计要和家居整体环境协调一致，取长补短，衬托气氛。注意地面图案的划分、色彩和质地特征。满足地面结构、施工及物理性能的需要。

②地面选材应和空间相联系。公共家居空间如客厅地面，可用较深的亚光仿古地砖；而卧室、书房等私密而面积小的空间，宜用浅色而柔软的地面材料，如木地板、地毯等。

③地面通常采用与家具或墙面颜色接近而明度较低的颜色，以期获得一种稳定感。室内地面的色彩应与室内空间的大小、地面材料的质感结合起来综合考虑。

客厅地面可以用地毯做装饰

客厅地面铺设的材料可选择的种类很多，如地砖、木地板、大理石等。除了常见的地面铺设材料以外，表现力丰富、质感舒适的地毯也成了客厅空间不可缺少的用品。如果客厅空间较大，可以选择厚重、耐磨的地毯。面积稍大的最好将地毯铺设到沙发下面，以形成整体划一的效果。如果客厅面积不大，可选择面积大于茶几的地毯，也可以选择圆形地毯。

复古地砖和花纹繁复的地毯相搭配，令客厅地面显得更加生动、活泼。

餐厅地面材料以各种瓷砖和复合地板为首选

餐厅空间的地面材料，以各种瓷砖或复合地板为首选。因为这两种装饰材料都具有耐磨、耐脏、易清洗、花色品种多样等特点，符合餐厅空间的特性，适于在家庭中使用，而且方便清洁。

餐厅地面材料选用耐磨的仿古地砖，符合餐厅地面的选材要点。

卧室地面材料板材和瓷砖均适合

　　卧室地面材料最好选用实木地板，冬暖夏凉，比较贴近自然。但实木地板价格较贵，且不易打理。因此，复合地板也比较适合。另外，用瓷砖铺贴卧室地板也很常用，镜面砖还可以大大提高房间的亮度，适合采光不好的卧室。

卧室地面材料采用强化复合地板铺设，带来温暖感。

TIPS：卧室地板色彩搭配原则

　　地板的颜色要与整体空间的颜色相协调。深色的地板有着很强的感染力，会让空间充满个性；浅色的地板很适合现代简约风格的卧室。但值得注意的是，如果家具也是深色的话，一定要慎用深色地板，否则容易让人产生压抑感。

卫浴地面材料需防潮防滑

　　卫浴地面若以舒适为主要考量，地毯是最受欢迎的选择；但为了抗潮湿，最好是采用专为浴室设计的橡胶底板的地毯。另外，将卫浴的地板到吊顶都砌上瓷砖，也是不错的选择。但在选购时，务必确定瓷砖地板要具有防滑设计。

卫浴由地面到墙面均用瓷砖铺设，易清洁；铺设的橡胶地毯则拥有防滑功能。

玄关地面材料要具备耐磨、易清洗的特性

　　玄关地面是家里使用频率最高的地方，因此地面材料要具备耐磨、易清洗的特性。地面装修通常依整体装饰风格而定，一般用于地面的铺设材料有玻璃、木地板、石材或地砖等。如果想令玄关区域与客厅有所区别，可以选择铺设与客厅颜色不一的地砖。还可以把玄关的地面升高，在与客厅的连接处做成一个小斜面，以突出玄关的特殊地位。

玄关采用大理石拼花进行地面设计，这样与客厅做了有效区分。

起到分割空间的作用

 设计要点

①隔断在区域中虽然起到分割空间的作用，但又不像整面墙体那样将居室完全隔开，而是隔中有连接，断中有连续。

②隔断是整个居室的一部分，颜色应该和居室的基础部分协调一致。

③隔断不承重所以造型不受限制，是一种非功能性构件，所以装饰效果可以放在首位。设计应注意高矮、长短和虚实等的变化统一。

④一般来说，当家居的整体风格确定后，作为局部的分隔设计也应采用这种风格，从而达到整体效果的协调一致。

餐厅隔断设计可以根据面积来确定

餐厅分隔设计有很多手法，什么风格搭配什么分隔方式，而分隔空间的形式也有多种。有的是镂空装饰，有的利用餐边柜或酒柜，这些家具及建材都可以达到很好的隔断效果。餐厅分隔设计同时要根据空间大小确定，小面积的餐厅可以利用客厅的电视背景墙来体现餐厅的分隔效果，既有艺术感又很实用；大面积的餐厅则可以采用比较大型的分隔手法，如利用半透明式的镂空式分隔设计，或中式风格的屏风都是很好的选择。

隔而不断的电视背景墙既起到了分隔的作用，又令空间显得灵活纤巧，非常适合小户型。

大面积的玻璃隔断将餐厅和厨房做了有效区分的同时，还不影响居室采光。

六大空间隔断类型

类型	特点
推拉式隔断	可以灵活地按照使用要求把大空间划分为小空间或再合并空间。推拉式隔断主要体现为推拉门，广泛运用于书柜、壁柜、客厅、休闲空间等。
镂空式分隔	镂空的设计能增添空间的神秘感，而且给人一种很舒服、温馨的感觉，并且极具装饰性。
隐性式隔断	指将一个原有的整体空间，利用顶面高低、灯光、地面材料等的不同来分隔成隐性的两个以上区域的设计手法。
柜体式隔断	主要是运用各种形式的柜子来进行空间分隔，这种设计能够把分隔空间和贮存物品两者的功能巧妙地结合起来，既节约费用，又节省空间面积。
活动式隔断	具有采光好、隔音强的特点；融合现代装饰概念，既拥有传统的围合功能，更具储物、展示效果，不仅节约家居空间，而且可使空间富有个性。
固定式隔断	常用于划分和限定家居空间，由饰面板材、骨架材料、密封材料和五金件组成。多以墙体形式出现，既有常见的承重墙、到顶的轻质隔墙，也有通透的玻璃隔墙、不到顶的隔板等。

帘幕分隔是客厅常见的分隔手法

客厅隔断是限定空间同时又不完全割裂空间的手段，自由度很大。常见的客厅隔断方法为采用帘幕分隔，如用一个珠帘或者纱帘安装在沙发后面，既能做到隔断，又不会对通风和采光造成影响。这种方法既简单而且便宜，又极富时尚感。

沙发后面的线帘，为客厅带来清逸的感觉。

不同户型的分隔设计要点

1	**小户型：** 由于小户型受面积的限制，完全的空间分隔必然会使空间更显局促，而完全不隔，又难以很好地划分区域功能。因此对于小户型来说，空间分隔所选用的材料，一般宜采用通透性强的玻璃或玻璃砖，或者是叶片浓密的植物，或者是帷帘、博古架。若选用以薄纱、木板、竹窗等材质做成的屏风作分隔设计，不仅能增加视觉的延伸性，还能给居室带来一种古朴典雅的氛围。
2	**中户型：** 分隔设计宜选用尺寸不大、材质柔软或通透性较好、有间隙、可移动的类型，如帷帘、家具、屏风等形式。这种分隔方式对空间限定度低，空间界面模糊，能在空间的划分上做到隔而不断，使空间保持良好的流动性，增加空间层次的丰富性。为保证空间拥有较好的通风与采光可采用低矮的分隔手段代替到顶的分隔设计，从而既能保证各空间区域的功能实用性，又可以避免空间的一览无余，增强空间的私密程度。
3	**大户型：** 由于大户型的面积较大，某一空间往往被赋予多重功能。这时就需要对空间进行分隔设计，在设计时需要根据主人的需求，在适宜的空间进行分隔，不同的分隔形式具有不同的功效。既能将不同的功能空间区分开来，又保持着空间之间的相互交流，保持着整体空间的一致性。

卧室隔断应以轻盈通透为主

如果户型不理想，想要将卧室独立出来，那么就可以运用分隔设计。由于卧室是家居中最私密的空间，在不影响装修设计的美观下，可以采用珠帘、窗帘、玻璃等来体现卧室的分隔设计。这样的分隔形式很明显地把卧室和其他空间分开来，制造出属于自己的小空间，心情也可以得到完全释放。

利用书架来做空间的分隔，既通透又实用，其间的拉帘则起到隔声的效果。

书房隔断设计应兼容私密性与开放性

书房是一个讲求安静和独立的空间，在做空间分隔设计时，也应考虑这一要素。除了半隔断墙面，也可以利用玻璃来进行分隔，既可以有效分隔空间，又可轻易实现空间的私密性和开放性。

玻璃门是开放式厨房的常用隔断材料

开放式厨房近年来受到不少人的青睐，但是中国人的烹饪方式容易使厨房里的油烟扩散到其他空间。所以厨房采用分隔设计对厨房和其他空间进行有效地分隔是解决这一问题的好方法。一般厨房空间大多采用透明的玻璃门来作为分隔材料，既通透又能起到阻隔作用，还非常隔音，厨房里的噪声外面很难听到，在视觉效果上也不打折扣，而烹饪时的油烟扩散问题也能因此得以解决。

玻璃推门与黑纱的结合将书房分隔成一个独立空间，在灯光的映衬下令这个空间越发迷人。

厨房与客厅之间用玻璃滑动门进行分隔，设计手法简单而实用。

卫浴隔断应兼顾防水与易清洁的特性

卫浴运用最多的分隔材料就是玻璃，既能防水，又能让空间看起来更通透，不会阻隔视线；而且玻璃清洁也很方便，可以令空间看上去很干净。

Tips：狭小卫浴的隔断方式

在狭小的卫浴空间里，坐便器和洗脸台已占据了一部分位置，只有角落可以利用起来设计成淋浴区。在做分隔时，若更注重私密性，可以把透明玻璃换成磨砂玻璃，以免去心理上的尴尬。

玄关隔断需具备功能性与装饰性

如果门厅与客厅相连，没有隔断就会使客厅一览无余。做个玄关隔断，空间就有了层次感。由于玄关隔断的功能与装饰的需要，隔断通常并不是只用一种材料，而常常是两种或多种材料结合使用，以达到理想效果。

简单的鞋柜，既令玄关空间整洁清爽，又能将客厅分隔独立出来。

　　玄关有硬玄关和软玄关之分。软玄关指在是在材质等平面基础上进行区域处理的方法，可以分别在顶面、墙面、地面等位置通过差异化的布置来界定门厅的位置，另外，鞋柜的摆放也可以达到玄关隔断的功能，也属于软玄关的一种形式。硬玄关又分为全隔断玄关和半隔断玄关。全隔断玄关指玄关设计由地至顶，这种玄关是为了阻拦视线而设的，需要考虑采光和避免空间因狭窄而产生的压迫感。半隔断玄关指玄关可能是在 x 轴或者 y 轴方面上采取一半或近一半的设计，这种设计有利于避免全隔断玄关产生的压迫感。

四大隔断材质

种类		特点
板材		常用于隔断的板材包括石膏板、实木板和人工板等。石膏板的优点是便于切割加工，隔声、防火，缺点是容易损坏；实木板非常亲肤，木格子的分隔设计不会影响空间采光；人工板的空间分隔形式多样，可以营造不同的装饰风格和艺术氛围。
玻璃		玻璃材质的空间分隔设计，又称玻璃隔墙，可以将空间根据需求划分，更加合理地利用空间，满足各种居家用途。玻璃的分隔手法通常采用钢化玻璃，因其较为安全、牢固和耐用，且打碎后对人体的伤害比普通玻璃小很多。
珠线帘		最便捷的分隔空间方式之一，具有易悬挂、易改变的特点，花色多样且经济实惠，可根据房间的整体风格随意搭配。这种分隔方式最适合紧凑户型使用。在选购时要注意考虑到整体家居的色调。
布艺		布艺分隔空间既可以用棉布或丝绸等不透光布料让分隔出的两个空间相对独立，也可以用透明的纱帘，使两个空间有所"对话"。尤其对于小户型，想要在视觉及感受上让房间变大，应更多运用布艺这个优势。

家居中的色彩搭配是家居装饰的第一要素。

当考虑装扮爱家时，

一开始就要有一个整体的配色方案，

以此确定装修色调和家具以及家饰品的选择。

如果能将色彩运用和谐，

便可随心所欲地装扮自己的家。

Chapter ⑤
配色设计

色彩的属性设计

色调型设计

色彩的角色设计

色相型设计

色彩的基本常识

 设计要点

①色相：即各类色彩的相貌称谓，如大红、普蓝、柠檬黄等。色相是色彩的首要特征，是区别各种不同色彩的最准确的标准，除了黑、白、灰三色，任何色彩都有色相。即便是同一类颜色，也能分为几种色相，如黄颜色可以分为中黄、土黄、柠檬黄等，灰颜色则可以分为红灰、蓝灰、紫灰等。

②明度：指色彩的亮度或明度，就是常说的明与暗。颜色有深浅、明暗的变化，最亮的颜色是白色，最暗的颜色是黑色。在任何色彩中加入白色会加强色彩的明度，使颜色变浅；加入黑色则会减弱色彩的明度，使颜色变深。

③纯度：也称饱和度或彩度，就是常说的鲜艳与否，越鲜艳的纯度越高。纯度强弱，是指色相感觉明确或含糊、鲜艳或混浊的程度。高纯度色相加白或黑，可以提高或减弱其明度，但都会降低它们的纯度。如加入中性灰色，也会降低色相纯度。

色相环的分类详细

常见的色相环分为 12 色和 24 色两种，分类比较详细，原始的构成原色是 6 种色彩，即三原色和三间色，三原色为红、黄、蓝，三间色为橙、绿、紫。在各色中间加插一两个中间色，其头尾色相，按光谱顺序为：红、橙红、黄橙、黄、黄绿、绿、绿蓝、蓝绿、蓝、蓝紫、紫。

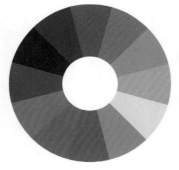

12 色相环

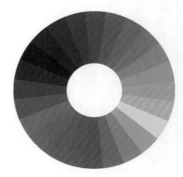

24 色相环

色相的对比分类

分类	特点
邻近色	色相环上 15° 以内的色彩为邻近色。邻近色色相十分近似,具有单纯、柔和、高雅、文静、朴实和融洽的效果。缺点是色相之间缺乏个性差异,效果较单调。如蓝与绿搭配,或蓝与紫搭配。
对比色	在 24 色相环上相距 120 ～ 180° 的两种颜色,称为对比色。对比色颜色差别比较大,搭配起来比较刺激、丰富,缺点是易造成视觉疲劳,不建议大面积使用。如红与黄搭配,或红与绿搭配。
同色型	为同色系的不同色度对比,如蓝色中加入黑色、白色或灰色调和。

相近色对比配色,具有统一、舒适、和谐的视觉效果,白色的搭配减轻了灰色系的沉闷感。

浅蓝色与深蓝色为同色系对比,塑造出统一、和谐的视觉效果,红色与蓝色为对比色搭配,增添活跃感。

常见色相的代表意义

红色				热烈、喜庆、热情、浪漫
黄色				艳丽、单纯、温和、活泼
蓝色				整洁、沉静、清爽
橙色				温暖、友好、开放、趣味
绿色				自然美、宁静、生机勃勃
紫色				神秘、优雅、浪漫

家居设计色彩常用冷色与暖色区分

　　色相的分类较专业，在家居设计中常用冷、暖色来进行区分，在配色时以冷色或暖色作为基调容易掌控整体的氛围，不易出错。在所有的色彩中，黑、白、灰属于无色系，可以与任何色调搭配。绿色和紫红色属于中性色，在色相环上，左侧绿色与红紫色之间的色彩均为冷色调，右侧为暖色调。暖色包含红、橙、黄等色彩，使人感到温暖、充满活力；冷色包含蓝绿、蓝、紫等色彩，使人感到清爽、冷静。

无色系具有强大的容纳力，跟任何色调均可搭配；单独三色搭配可烘托出强烈的时尚感。

以冷色调深蓝绿色为主色，搭配白色及浅灰色，体现出清爽、高雅的空间氛围。

一看就懂的装修设计书

浅黄色的墙面，红色的地毯，对比强烈，加以米色系的床具和家纺，塑造出了温馨而活泼的气氛。

明度差的搭配效果各有不同

　　明度高的色彩让人感到轻快、活泼，明度低的色彩则给人沉稳、厚重感。明度差比较小的色彩互相搭配，可以塑造出优雅、稳定的室内氛围，让人感觉舒适、温馨；反之，明度差异较大的色彩互相搭配，会得到明快而富有活力的视觉效果。

Tips：色彩明度配色禁忌

　　在色相环上，明度差异大的两种色彩，在家庭装饰中不宜等面积使用，否则会给人过于刺激的视觉效果，使人难以安心，对身体和精神产生负面刺激。

不同色彩的显著明度差异搭配更具视觉冲击力，十分活泼、具有明显的跳跃感，非常有力度。

白色是明度最高的色彩，与绿色搭配具有明显的明度差，给人十分明快的感觉，效果强烈、明快。

不同明度色彩的效果

纯净					厚重				
温暖					力量				
甜美					传统				

纯度差异为居室设计带来不同感受

　　纯度高的色彩，给人鲜艳、活泼之感；纯度低的色彩，有素雅、宁静之感。如果几种色调进行组合，纯度差异大的组合方式可以达到艳丽的效果；如果纯度差异小，容易出现灰、粉、脏的感觉。

TIPS：纯度混合配色的效果

　　根据色环的色彩排列，相邻色相混合，纯度基本不变（如红黄相混合所得的橙色）。对比色相混合，最易降低纯度，以至于成为灰暗色彩。纯度最低的色彩是黑、白、灰。降低明度的方法为在原色中加入黑、白、灰或补色。

纯度差异大，视觉效果强烈、饱满。

纯度差异小，给人稳定感，但缺少变化。

不同纯度色彩的效果

动感						朴素					
活跃						娇美					
现代						清爽					

色彩的角色设计

组成空间色彩的四种配色

 设计要点

①背景色：室内空间中占据最大面积的色彩，如吊顶、墙面、地面等。因为面积最大，所以引领了整个空间的基本格调，起到奠定空间基本风格和色彩印象的作用。

②主角色：占据空间中中心区域的色彩，多数情况下由大型家居或一些室内陈设、软装饰等构成的中等面积色块，具有重要地位。

③配角色：通常在主角色旁边或成组的位置上，例如成组沙发中的一个或两个，抑或是沙发旁的矮几、茶几，卧室中的床头柜等。

④点缀色：室内空间中体积小、可移动、易于更换的物体的颜色，如沙发靠垫、台灯、织物、装饰品、花卉等。

背景色奠定空间基调

在同一空间中，家具的颜色保持不变，只需更换背景色，就能改变空间的整体色彩感觉。例如，同样白色的家具，蓝色背景显得清爽，而黄色背景则显得活跃。在顶面、墙面、地面所有的背景色界面中，因为墙面占据人的水平视线部分，往往是最引人注意的地方，因此，改变墙面色彩是最为直接的改变色彩感觉的方式。

淡雅的浅色调为背景色，显得柔和、舒适，给人和谐的感觉。

Tips：背景墙在家居中运用法则

在家居空间中，背景色通常会采用比较柔和的淡雅色调，给人舒适感；若追求活跃感或者华丽感，则使用浓郁的背景色。

主角色构成家居配色中心点

一个空间的配色通常从主要位置的主角色开始进行。例如，选定客厅的沙发为橙色，然后根据风格进行墙面即背景色的确立，再继续搭配配角色和点缀色，这样的方式主体突出，不易产生混乱感，操作起来比较简单。

背景色与主角色呈现对比感，使人感觉鲜明、生动。

TIPS：主角色的选用原则

主角色的选择可以根据情况分成两种：若想获得具有活跃、鲜明的视觉效果，选择与背景色或配角色为对比的色彩；若想获得稳重、协调的效果，则选择与背景色或配角色类似，或同色相不同明度或纯度的色彩。

不同家居空间主角色有所不同

不同空间的主角色有所不同。例如，客厅中的主角色往往是沙发，但如果同组沙发采用了不同色彩，则占据中心位置的是茶几。餐厅中的主角色可以是餐桌也可以是餐椅，而卧室中的主角色绝对是床。

餐桌与背景色统一色彩，这里的餐椅就是主角色，占据了绝对突出的位置。

在客厅中，沙发占据视觉中心和中等面积，是多数客厅空间的主角色。

卧室中，床是绝对的主角，具有无可替代的中心位置。

配角色衬托家居配色中的主角色

配角色的存在，通常可以让空间显得更为生动，能够增添活力。因此，配角色通常与主角色存在一些差异，以凸显主角色。配角色与主角色呈现对比，则显得主角色更为鲜明、突出，若与主角色临近，则会显得松弛。

双人沙发的灰色为主角色，面积上占有绝对优势，配角色的米色单人沙发，处于次要地位。

紫灰色为主角色，紫红色为配角色，紫红色虽然明度高，但面积小，不会压制住紫灰色。

点缀色是家居配色生动的点睛之笔

点缀色通常是一个空间中的点睛之笔，用来打破配色的单调，在进行色彩选择时通常选择与所依靠的主体具有对比感的色彩，来制造生动的视觉效果。若主体氛围足够活跃，为追求稳定感，点缀色也可与主体颜色相近。对于点缀色来说，它的背景色就是它所依靠的主体。例如，沙发靠垫的背景色就是沙发，装饰画的背景就是墙壁，因此，点缀色的背景色可以是整个空间的背景色，也可以是主角色或者配角色。

靠垫与沙发的色彩差异小，塑造出清新、柔和的效果。

Tips：点缀色搭配原则

在搭配点缀色时需要注意点缀色的面积不宜过大，面积小才能够加强冲突感，提高配色的张力。

色彩外观的基本倾向

设计要点

①色调：色彩外观的基本倾向，指色彩的浓淡、强弱程度，在明度、纯度、色相这三个要素中，某种因素起主导作用，就称之为某种色调。

②常见的分类是冷色调和暖色调；在冷暖色之外，常用于家居空间的色调还可分为鲜艳的纯色调、干净的明色调、接近白色的淡色调，以及接近黑色的暗色调。

③色调是影响配色效果的首要因素，在视觉感官上，色彩给人的印象多数都是由色调决定的。如一个居室内红、黄色比例多则给人温暖感，蓝、绿色比例多则给人清爽感等。

④在进行配色时，即使色相不统一，只要色调一致也能够取得和谐的视觉效果。

色调搭配需主色、副色相结合

在同一空间中，如果采用相同色调的色彩，会让人感觉单调，单一的配色方式也降低了配色的丰富性。因此在进行配色时，为了达到和谐舒适的视觉效果，可以将一种色调作为主色，副色搭配另一种色调，用艳丽的纯色调或具有对比性的色调来进行点缀，这样构成的色彩组合会十分自然、丰富。如果根据不同的情感需求来塑造不同的空间氛围，则需要多种色调的组合。

用相似的淡色调进行配色，略显单调、容易让人感觉疲倦。

淡色调搭配明色调，层次感强，给人愉悦感。

四种色调分类

分类		特点
淡色调		纯色混入大量白色形成的色调，适合表现柔和、甜美而浪漫的氛围。
明色调		纯色加入少量的白色形成的色调，少了纯色的浓烈，显得更加干净、整洁。没有太强的个性，非常大众化。
纯色调		不掺杂任何黑、白、灰色，最纯粹的色调为纯色调。它是淡色调、明色调和暗色调的衍生基础，从内而外给人积极、开放的感觉。因过于刺激，不宜直接用于家居空间装饰。
暗色调		纯色加入黑色形成的色调,纯色的健康与黑色的力量感结合，形成威严、厚重的感觉。

色调搭配技巧

两种色调搭配	将具有健康、活力的纯色调与优雅的淡色调相搭配，使纯色的强烈感被抵消，更为舒适、耐久。	纯色：健康但过于刺激。	淡色：优雅但过于寡淡。	混合色：集两者优点。	
	将具有干净整洁感的明色调与沉稳的暗色调相搭配，弱化了沉闷感，稳重而不显死板。	暗色：威严但易压抑。	明色：明快但略显平凡。	混合色：集两者优点。	
三种色调搭配	厚重的暗色调加入淡色调和明色调后，丰富了明度的层次感，不再沉闷、压抑。	纯色：健康但过于刺激。	明色：明快但略显平凡。	淡色：优雅但过于寡淡。	混合色：集三者所长。

色相型设计

色相与色相进行组合

设计要点

①色相型配色简单地说就是色相与色相进行组合的问题。

②根据色相环的位置，色相型大致可以分为4种，即同相、类似型（相近位置的色相），三角、四角型（位置成三角或四角形的色相），对决、准对决型（位置相对或邻近相对），全相型（涵盖各个位置色相的配色）。

③在一个空间中，通常会采用两至三种色相进行配色，仅单一色相的情况非常少，多色相的配色方式能够更准确地塑造氛围。

④将色相环上距离远的色相进行组合，对比强烈，效果明快而有活力；相近的色相进行组合，效果比较沉稳、内敛。

色相型的构成

在一个居室的配色方面，面积较大的色彩可以分为主角色、配角色及背景色三种，它们的色相组合以及位置关系决定了整个空间的色相型。可以说，空间的色相型是由以上三个因素之间的色相关系决定的。色相型的决定通常以主角色作为中心，确定其他配色的色相，也可以以背景色作为配色基础。

主角色　配角色　背景色	背景色为蓝色，主角色为红色，黄色为配角色，构成了三角型配色方式。
主角色　配角色　背景色	背景色及主角色均为蓝色，配角色为黄色，构成了对决型配色。

四种色相的表现形式

	色环显示效果	色块显示效果	居室中类似配色	所表达出的设计情感
同相型				沉稳、内敛
类似型				
对决型				活力、明快
准对决型				
三角型				自由、奔放
四角型				
全相型 1				开放、华丽
全相型 2				

同相型与类似型配色的表现效果

　　完全采用统一色相的配色方式被称为同相型配色，用邻近的色彩配色称为类似型配色。两者都能给人稳重、平静的感觉，仅在色彩印象上存在区别。同相型配色限定在同一色相中，具有闭锁感；类似型的色相幅度比同相型有所扩展，在 24 色色相环上，4 份左右的为邻近色，同为冷暖色范围内，8 份差距也可归为类似型。

客厅采用土黄、红和明黄作为类似型配色，在色相幅度较同相型有所增加，更加自然、舒适。

对决型与准对决型配色的表现效果

对决型是指在色相环上位180°相对位置上的色相组合，接180°位置的色相组合就是准对决型。此两种配色方式色相差大，对比强烈，具有强烈的视觉冲击力，可给人深刻的印象。在家居空间中，使用对决型配色方式，可以营造出活泼、健康、华丽的氛围，

绿色与粉色的准对决型配色，令紧张感降低，紧凑感与平衡感共存。

若为接近纯色调的对决型配色则可以展现出充满刺激性的艳丽色彩印象。由于对决型配色过于刺激，家居中通常采用准对决型配色方式。准对决型配色方式比对决型要缓和一些，兼具一些平衡感。

Tips：对决型与准对决型配色的原则

对决型配色不建议在家庭空间中大面积地使用，对比过于激烈，长时间会让人产生烦躁感和不安的情绪，若使用则应适当降低纯度，避免过度刺激；准对决型比对决型配色要略为温和一些，可以作为主角色或者配角色使用，若作为背景色则不宜等比例或大面积使用。

三角型配色的表现效果

三角型配色是指在色相环上处于三角形位置的颜色的配色方式，最具代表性的就是三原色，即红、黄、蓝，三原色形成的配色具有强烈的视觉冲击力及动感，如果使用三间色进行配色，则效果会更舒适、缓和一些。

明色调的红、黄、蓝三原色构成三角型配色，轻松、活泼又兼具平衡感，清透的色彩感觉更为温馨。

Tips：三角型配色的优势

三角型配色是位于对决型和全相型之间的类型，兼具了两者的长处，视觉效果引人注目而又不乏温和和亲切感。三角型的配色方式比之前几种配色方式视觉效果更为平衡，不会产生偏斜感。

红色、绿色，蓝色、黄色两组对决色构成了四角型配色方式，蓝色作为背景色显得静谧而悠远，其他色彩点缀具有紧凑感和活力。

四角型配色的表现效果

将两组对决型或者准对决型颜色交叉组合形成的配色就是四角型配色，醒目、安稳又同时兼具紧凑感，具有更强烈的冲击力。

全相型配色的表现效果

全相型配色是指没有偏相性的使用全部色相进行配色的方式，能够塑造出自然、开放的氛围，华丽感十足。通常来说，如果运用的配色有 5 种就属于全相型配色，用的色彩越多会让人感觉越自由。全相型配色的活跃感和开放感，并不会因为颜色的色调而消失，不论是明色调还是暗色调，或是与黑色、白色进行组合，都不失去其开放而热烈的特性。

Tips：全相型配色的原则

在进行全相型配色时，需要注意的是，所选择的色彩在色相环上的位置没有偏斜，要至少保证 5 种色相，如果偏斜太多就会变成对决型或者类似型。

配色效果比对

五色全相型	全相型配色是最为开放的色彩组合方式，具有欢快、自由的节日气氛。	去掉全相型中的紫色，变成四角型配色，开放度下降，不够热烈。	去掉全相型中的橙色和绿色，变成三角型配色，稳定但缺少变化。
六色全相型	六色构成的全相型配色比五种颜色的全相型更为热烈、活跃。	在进行全相型配色时，如果选取的颜色位置不平衡，则易变成准对决型。	若选取的颜色在色相环上偏于一侧，全相型就会变成三角型。

在家居环境中，除了儿童房，最常用到全相型配色的地方莫过于靠垫类的软装饰，可以为平淡的空间增添开放、活泼的节日氛围。

全相型配色在家居中的运用

全相型配色涵盖的色彩范围比较广泛，易塑造出自然界中五彩缤纷的视觉效果，充满活力和节日气氛，最能够活跃空间的氛围，如果觉得居室过于呆板，可以搭配一些全相型的装饰，如靠垫等。另外，全相型配色在家居中的运用多出现在配饰上以及儿童房。

设计要点

①空间配色并不是越多越好，而是要掌握一定的比例，避免杂乱感。

②有空间缺陷的户型，可以根据合理配色的手段来进行调整。

③家居空间的配色并不是一成不变的，各个空间都有其特殊的功能，在配色设计时要根据空间特点进行合理选择。

遵循色彩的基本原理

遵循色彩基本原理的配色，才是成功的配色。符合规律的色彩才能打动人心，并给人留下深刻的印象。色彩的属性包括了色相、明度和纯度。调整色彩的这些属性，整体的配色效果也会跟着改变。除了属性，相互搭配的色彩比例以及数量，也会影响配色的效果。

TIPS：成功的配色宜"以人为本"

在进行居室内各种物品的色彩选择时，宜"以人为本"，更多地为业主考虑，其年龄、性别的差异都会对色彩效果产生不同的需求。以这些为基础，从色彩的基本原理出发，进行有针对性地选择，使色彩的选择与感觉一致，使人产生认同感。

家居配色应避免混乱

多种色相的搭配能够使空间看起来活泼并具有节日氛围，但若搭配不恰当，活力过强，反而会破坏整体配色效果，造成混乱感。将色相、明度和纯度的差异缩小，就能够避免混乱的现象。在配色沉闷的情况下添加色彩以增添活力；在混乱的情况下减少色彩使其稳健，是进行配色活动的两个主要方向。除了控制色彩的三种属性外，还可以控制色彩的主次位置来避免混乱，要注意控制配角色的占有比例，以强化主角色，主题就会显得更加突出，而不至于主次不清显得混乱。

以蓝色为主调，黄色和绿色局部搭配，色相靠近，主次分明，红色的点缀既增添了活力，又不显得混乱。

用色彩引领空间氛围

在家居空间中，占据最大面积的色彩，其色相和色调对整个空间的风格和气氛具有引领作用。因此，在进行一个空间的配色时，可以根据所需要的氛围来选择色彩，首先确定大面积色彩的色相，根据情感需求调节其明度和纯度，而后进行其他色彩的搭配，副色的选择对氛围的塑造也是非常重要的。

墙面采用明色调为主色，给人明朗、愉悦的感觉。

高明度暗色为墙面主色，给人稳定、高雅的感觉。

根据空间的特点进行配色

一些家居空间本身会存在缺点，当不能够通过造型进行改造时，可以通过色彩的手段来进行调整。例如，房间朝向不好

高明度的亮色以及冷色调能够使空间显得更加宽敞、洁净，特别适合面积不大的空间使用。

时可以采用浅色系的色彩，使空间明亮；房间过于宽敞，可以采用具有收缩性的色彩来处理墙面，使空间显得紧凑、亲切；若房间过高，可以在天花板上使用一些具有下沉感的色彩，在视觉上使高度下降。

六大色彩改变空间视觉效果

分类	特点
膨胀色	暖色相、高纯度、高明度的色彩都是膨胀色。膨胀色能够扩大室内面积，比较宽敞的空间室内软装饰可以采用膨胀色，使空间看起来丰满一些。
收缩色	低纯度、低明度、冷色相均为收缩色。收缩色能够缩小室内面积，过于空旷的居室，可以适当采用收缩色。
前进色	高纯度、低明度、暖色相给人以向前的感觉，被称为前进色。前进色能够拉近墙面的距离，空旷的房间可以用前进色喷涂墙面。
后退色	低纯度、高明度、冷色相被称为后退色。后退色能够使墙面看起来更远一些，面积较小的居室宜用后退色。
轻色	浅色给人上升感，即为轻色；同样明度和纯度的情况下，暖色轻；地板宜用轻色，可以在视觉上缩短两个界面的距离，使比例更和谐。
重色	深色使人感觉下沉，即为重色；同样明度和纯度的情况下，冷色重；高空间可用重色装饰吊顶。

根据空间的用途进行配色

在家庭空间中，不同的功能区域有不同的作用，如客厅用于聚会、交谈，属于活动空间；卧室用于休息，具有很高的私密性，属于静谧性的空间等。因此，在进行不同空间的设计时，需要根据不同的用途来进行具体的色彩搭配设计，若将喧闹的氛围带进卧室就是不恰当的设计方式。

橙色明亮、温暖，与白色搭配用在餐厅中，既能使人愉悦，又不显得过于喧闹。

比较有层次感的暗色调与淡雅的米色搭配，沉稳、内敛，使人感觉安全。

淡雅的色调组合让人感觉放松、安逸，能够使人迅速地放松，进入休息状态。

TIPS：空间配色的规律

准确地将空间与色彩联系起来，还是有一定规律可循的。黑、白、灰的搭配会让所有人感到强烈的现代感；看到粉红色，它的柔美、浪漫会让人与女性或者女孩有所联想；暖色调中的橙色、黄色让人觉得愉悦，可以促进食欲；灰色、蓝色会让人觉得沉稳、刚毅，十分适合单身男士的居住空间。根据每种色彩所透露出来的感觉来搭配合适的空间，是最为适合的。

家居空间色彩设计

不同空间配色侧重点也不同

 设计要点

①空间中的色彩不是独立存在的，这些色彩之间的对比也会左右整个空间的色彩印象。对比包括色相的对比、明度的对比和纯度的对比。

②增强色彩之间的对比，可以塑造出具有活力的色彩印象；反之，减弱色彩之间的对比则会给人高雅、绅士的感觉。

③每种色彩都有自己独特的语言，如红色让人感觉热烈，蓝色让人感到寂静、清爽，绿色充满生机，黄色使人温暖，紫色神秘，粉色浪漫等。这些色彩中蓝色适合卧室，绿色适合客厅，黄色适合餐厅；要根据色彩特有的情感运用到适合的空间。

客厅配色要把握总基调，并做个性化处理

客厅的色彩是非常重要的一个环节，从某种意义上讲它是给整个居室色彩定调的中心辐射轴心，总的要求是应把握居室总体色彩基调相协调并加以个性化处理，使客厅能够产生缓和紧张情绪，调养

客厅配色以红黄色系为主，并作出深浅变化。

身心的良好氛围。无论是黑与白，红与黑，蓝与白，或不同颜色深浅明暗对比，以及高色调与低色调，冷色调与暖色调的对比反差，再配以间接而且稳重、柔和的灯光，使之在客厅内部分布，将烘托出一种气氛怡人的室内环境。

餐厅色彩以明朗轻快的色调为主

明黄色的壁纸简约而又时尚，配上七彩条纹的餐椅，给居室带来一股清新活泼之风。

餐厅的色彩一般随客厅来搭配，但总的说来，餐厅色彩宜以明朗轻快的色调为主，最适合的是橙色以及相同色调的近似色。这两种色彩都有刺激食欲的功效，它们不仅能给人以温馨感，而且能提高进餐者的兴致。另外，餐厅墙面可用中间色调，天花板色调则浅，以增加稳重感。

TIPS：蓝色不宜用于餐厅

蓝色清新淡雅，与各种水果相配也很养眼，但不宜用在餐厅。蓝色的餐桌或餐垫上的食物，总是不如暖色环境看着有食欲；同时不要在餐厅内装白炽灯或蓝的情调灯。科学实验证明，蓝色灯光会让食物看起来不诱人。

卧室配色应确定好主色与中心色

卧室墙面为米色，床品为土黄色调，整体搭配和谐统一。

卧室大面积色调，一般是指家具、墙面、地面三大部分的色调。卧室配色时首先是组合这三部分，确定一个主色调。其次是确定好室内的重点色彩，即中心色彩，卧室一般以床上用品为中心色，如床罩为杏黄色，卧室中其他织物应尽可能用浅色调的同种色，如米黄、咖啡等，而且全部织物宜采用同一种图案。另外，还可以运用色彩对人产生的不同心理、生理感受来进行装饰设计，以通过色彩配置来营造舒适的卧室环境。

解疑 卧室该选择深色地板还是浅色地板？

出于心理学当中对色彩暗示作用的考虑，卧室中比较适合使用深色调的地板，因为在这样的环境中人比较容易入睡，保障了居住者的睡眠。但是由于长时间置身色彩比较暗淡的环境中会造成业主身心的不悦，因此不妨选用一套浅色的床品，与深色地板形成明显的色彩对比，不仅中和了暗色带来的压抑，也令卧室变得生动、有生气。

书房配色宜采用中性色调

书房色彩既不要过于耀目，又不宜过于昏暗，而应当取柔和色调的色彩装饰。采用高度统一的色调装饰书房是一种简单而有效的设计手法，完全中性的色调可以令空间显得稳重而舒适，十分符合书房的特质。但需要注意的是，必须让这种高度统一的空间中有一些视觉上的变化，如空间的外形、选用的材质等，否则就会显得单调。

书房用色主要以白、灰、棕为主，中性色调为书房奠定了稳重的基调；而不经意处的红色工艺品和绿植则为空间注入了活力。

原木色的橱柜搭配黄色墙面及灰色地砖，令厨房呈现出温暖的基调。

利用色彩给厨房营造温暖感

由于厨房中存在大量的金属厨具，因此墙面、地面可以采用柔和及自然的颜色。另外，可以用原木色调加上简单图案设计的橱柜来增加厨房的温馨感，尤其是浅色调的橡木纹理橱柜可以令厨房展现出清雅、脱俗的美感。

卫浴配色应选择清洁、明快的色彩

卫浴通常都不是很大，但各种盥洗用具复杂、色彩多样，为避免视觉的疲劳和空间的拥挤感，应选择清洁、明快的色彩为主要背景色，对缺乏透明度与纯净感的色彩要敬而远之。

卫浴背景色为白色，并用木色地板做中和，增添了地面的重量感，平衡大面积白色的轻飘感。

玄关配色不宜多，且以清淡色调为主

玄关空间一般都不大，并且光线也相对暗淡，因此用清淡明亮的色调能令空间显得开阔。另外，玄关色彩不宜过多。墙面可采用纯色壁纸或乳胶漆，避免在这个局促的空间里堆砌太多让人眼花缭乱的色彩与图案。

玄关中明快的蓝，纯净的白和轻柔的黄，将空间的柔情与优雅表现得淋漓尽致。

利用地面铺贴块阶丰富过道色彩变化

过道往往给人呈现出单一的感觉，可以运用地面铺贴的块阶设计来修饰其不足之处。例如，过道的地面色彩沿用居室的主色调，从视觉上让整体环境更协调，之后用不同材料或颜色的块阶设计来表现空间独特的一面，这样的设计可以令空间在心理上无形被扩大，同时令整体的视觉更有回旋的空间感。

过道中间为白色釉面砖，两边分别用色彩丰富的小尺寸瓷砖来装饰，丰富了视觉上的律动感。

Tips：过道配色原则

过道在配色上，顶面一般要用浅色，浅色使人感觉轻，深色使人感觉重。通常处理的方式为自上而下，由浅到深。另外由于走廊大多较为狭长，因此冷色调是比较常用的色彩，可使狭窄的过道在视觉上变宽；同时在过道远端墙也不宜用深色，会令墙产生前移的视觉效果。

室内照明是室内环境设计的重要组成部分，
要有利于人的活动安全和舒适的生活。
在人们的生活中，
光不仅仅是室内照明的条件，
而且是表达空间形态、
营造环境气氛的基本元素。
家居灯光的运用上卧室要温馨，
书房和厨房要明亮实用，
客厅要丰富、有层次、有意境，
餐厅要浪漫，卫浴则要体现温暖、柔和。

Chapter ❻
照明设计

照明设计
的分类

室内照明的
设计方式

室内照明的
设计原则

照明与空间
的关系设计

照明设计的分类

五大照明方式营造不同居室效果

 设计要点

①根据灯具光通量的空间分布状况及灯具的安装方式，室内照明方式可分为5种：直接照明、半直接照明、间接照明、半间接照明和漫射照明方式。

②直接照明可以带来明亮的效果，较适用于客厅空间；半直接照明、间接照明以及漫射照明的光线较为柔和，适合卧室和书房空间；半间接照明可以提高空间感，适合居室中较为低矮的空间，如阁楼等；漫射照明利用灯具的折射功能控制眩光，适于卧室。

直接照明能够制造生动的光影效果

直接照明是光线通过灯具射出，这种照明方式具有强烈的明暗对比，并能形成有趣生动的光影效果，可突出工作面在整个环境中的主导地位，给人明亮、紧凑的感觉，但是由于亮度较高，应防止眩光的产生。

客厅中采用射灯做直接照明，为空间带来生动的照明效果。

半直接照明能够产生较高的空间感

　　半直接照明的方式是半透明材料制成的灯罩罩住光源上部，60% ~ 90% 以上的光线使之集中射向工作面，10% ~ 40% 被罩光线又经半透明灯罩扩散而向上漫射，其光线比较柔和。这种灯具常用于较低的房间的一般照明。由于漫射光线能照亮平顶，使房间顶部高度增加，因而能产生较高的空间感。

卧室采用吊灯来做半直接照明，无形中增加了居室的高度。

间接照明能够给人带来平和的感觉

　　间接照明方式是将光源遮蔽而产生的间接光的照明方式，其中 90% ~ 100% 的光通过天棚或墙面反射作用于工作面，10% 以下的光线则直接照射工作面。

通常有两种处理方法

1	将不透明的灯罩装在灯泡的下部，光线射向平顶或其他物体上反射成间接光线。
2	把灯泡设在灯槽内，光线从平顶反射到室内成间接光线。这种照明方式光量弱，光线柔和，无眩光和明显阴影，给人安详、平和的感觉。若单独使用时，需注意不透明灯罩下部的浓重阴影。通常和其他照明方式配合使用才能取得特殊的艺术效果。

光线先照到墙面上，这样弱化了光线，带来柔和的照明效果。

半间接照明可以为低矮房间带来增高感觉

半间接照明方式，恰和半直接照明相反，把半透明的灯罩装在光源下部，60%以上的光线射向平顶，形成间接光源，10% ～ 40%部分光线经灯罩向下扩散。这种方式能产生比较特殊的照明效果，使较低矮的房间有增高的感觉。也适用于住宅中的小空间部分，如门厅、过道等，通常在学习的环境中采用这种照明方式最为适宜。

玄关采用半间接照明的方式，既柔和，又令小空间不显灰暗。

漫射照明非常适用于卧室

漫射照明是利用灯具的折射功能来控制眩光，将光线向四周扩散漫散。一种为光线从灯罩上口射出经平顶反射，两侧从半透明灯罩扩散，下部从格栅扩散。另一种为用半透明灯罩把光线全部封闭而产生漫射。这类照明光线性能柔和，视觉舒适，适于卧室。

卧室采用漫射照明，光线非常柔和，符合卧室追求温馨、舒适的理念。

室内照明的设计原则

室内照明成功的关键

设计要点

①室内照明要保证实用性，不能仅仅为了追求美观度，而忽视照明效果。

②室内照明在保证了实用性之余，可以考虑照明设备的美观性，照明设备也可以成为家居中不错的装饰品。

③室内照明并非越多或者越花哨越好，而是要设计合理，才能既达到照明效果，又不多花冤枉钱。

④室内照明设计不可忽视安全性，所选照明设备一定要质量过关，并且其周边设施也应无安全隐患。

141

居室照明中的实用性原则

灯光照明设计必须符合功能的要求，根据不同的空间、不同的对象选择不同的照明方式和灯具，并保证适当的照度和亮度。例如，客厅

客厅中采用了多种灯具，不仅具有多样的照明效果，也增加了居室的艺术性。

的灯光照明设计应采用垂直式照明，要求亮度分布均匀，避免出现眩光和阴暗区；室内的陈列一般采用强光重点照射以强调其形象，其亮度比一般照明要高出 3 ~ 5 倍，常利用色光来提高陈设品的艺术感染力。

居室照明中的美观性原则

灯具不仅起到提供照明的作用，而且由于其十分讲究造型、材料、色彩、比例，已成为室内空间不可缺少的装饰品。通过对灯光的明暗、隐现、强弱等进行有节奏的控制，采用透射、反射、折射等多种手段，创造风格各异的艺术情调气氛，可为人们的生活环境增添丰富多彩的情趣。

客厅照明在满足了实用性之余，其独特的造型为居室带来了非常不错的艺术效果。

Tips：餐厅照明美观性原则

家庭中餐厅的灯光设计，灯饰一般可用悬垂的吊灯，为了达到效果，吊灯不能安装太高，在用餐者的视平线上即可；如是长方形的餐桌，则安装两盏吊灯或长的椭圆形吊灯，吊灯要有光的明暗调节器与可升降功能，以便兼做其他工作之用，中餐讲究色、香、味、意、形，往往需要明亮一些的暖色调。

居室照明中的合理性原则

客厅中采用造型古朴的吊灯作照明，符合居室的整体气质。

灯光照明并一定是以多为好，以强取胜，关键是科学合理。灯光照明设计是为了满足人们视觉和审美的需要，是室内空间最大限度地体现使用价值和欣赏价值，并达到使用功能和审美功能的统一。华而不实的灯饰非但不能锦上添花，反而画蛇添足，同时造成电力消耗和经济上的损失，甚至还会造成光环境的污染而有损身体健康。

Tips：客厅照明合理性原则

许多人喜欢在客厅设计一盏大方明亮的高档豪华吊灯，但并不是每个空间都适合这种设计。如果客厅层高超过 3.5m 以上，可选用档次高、规格尺寸稍大一点的吊灯；若层高在 3m 左右，宜用中档、规格尺寸稍小一点的吊灯；层高在 2.5m 以下，宜用中档装饰性吸顶灯而不用吊灯。

居室照明的安全性原则

　　灯具安装场所是人们在室内活动频繁的场所，所以安全是第一位的，也就是要求灯光照明设计绝对安全可靠，必须采用严格的防电措施，以免发生意外事故。有些设计师只是为了表现居室的灯光绚丽，不考虑安全性能，这是错误的。照明设计不单纯是美学设计，还要具备一定的电工知识基础。

卫浴采用玻璃灯罩的吸顶灯，避免了雾气直接接触灯泡、电线等设备，增强了安全性。

室内照明的设计方式 | 光源、光带各自发挥不同作用

 设计要点

①在家居照明设计中，人、光、空间是最重要的三个元素，在设计中只有真正处理好这三个元素的关系，才是完整的成功的设计。

②光带设计切忌脱离居室整体环境，独自设计，以免设计效果与整体环境不协调。

③光源设计要避免光污染，不同家居空间的照明重点必须要了解。

照明设计的三要素

要素	特点
光和色彩的关系	要选择适合空间的光源和光色，不同颜色的光源和光色也会带来不同的家居效果。光色最基础的属性是冷暖，家居空间中用一种色调的光源可达到极为协调的效果，如同单色的渲染，但若想有多层次的变化，则可考虑冷暖光的配合使用。
光与形的关系	光在空间中会被剪裁成各种各样的形状，或点、或面，光的边缘也可虚可实、可硬可软，主要是取决于受光面和光通过空间的形状。简单的空间，在光的演绎下也能展现出动人效果。
光与被照物体的关系	要考虑被照物体的形体、材质和被照后所投射的光影，只有合适的光亮才能让被照物体的细节完美呈现。光影对有质感肌理的材料的强化装饰效果，能创造出意想不到的视觉效果。

光带设计可以营造出神秘氛围

光带照明是一种隐蔽照明，它将照明与建筑结构紧密地结合起来，其主要形式有两种：一是利用与墙平行的不透明装饰板遮住光源，将墙壁照亮，给护墙板、帷幔、壁饰带来戏剧性的光效果；二是将光源向上，让顶光经顶面反射下来，使顶面产生漂浮的效果，形成朦胧感，营造的气氛更为迷人。

将射灯隐藏在客厅吊顶中，形成一个方形的光带，为居室照明提供了帮助。

光源在不同空间中应用方式有所区别

灯具用得恰当有时尚、温馨之感，用得不当则可能成为室内光污染的主要来源。如彩色光源会让人眼花缭乱，还会干扰大脑中枢神经，使人头晕目眩、恶心呕吐、失眠等。因此，室内灯具选择时应尽量避免旋转灯、闪烁灯，以及彩色和样式过于复杂的大功率日光灯，建议选柔和的节能灯，既环保，又把"光污染"的影响减少到最小。书房、厨房尽量选择冷色光源（色温大于3300K）；起居室、卧室、餐厅宜采用暖色光源（色温小于3000K）；辅助光源，如壁灯、台灯等，选择时需避免其亮度与周围环境亮度相差过大。

卧室中的辅助光源台灯与吊顶的和谐搭配，为居室带来舒服的照明效果。

照明与空间的关系设计 不同空间其照明需求也不同

设计要点

①空间的布光应该有主有次，主灯以造型简洁的吸顶灯为主，辅之以台灯、壁灯、射灯等。

②要强调灯具的功能性、层次感，不同的光源效果可交叉使用。

③空间的重点照明可以利用落地灯、壁灯、射灯等达到使用和装饰的效果。重点照明的原则是饰灯不能喧宾夺主，要和主灯交相辉映。

客厅光线以适度明亮为主

客厅光线以适度的明亮为主，在光线的使用上多以黄光为主，容易营造出温馨效果，也可以将白光及黄光互相搭配，通过光影的层次变化来调配出不同的氛围，营造特别的风格。

黄色光源令客厅显得非常温馨。

解疑 阴暗客厅该如何做照明设计？

阴面的客厅或自然采光不好的客厅碰上不好的天气，会一片灰暗，给人造成压抑感。如果能利用一些合理的照明设计，来达到扬长补短的目的，凸显立面空间，就能让不亮的客厅明亮起来。首先要补充入口光源，光源能在立体空间里塑造耐人寻味的层次感；然后适当地增加一些辅助光源，尤其是日光灯类的光源，映射在顶面和墙上，能收到奇效；另外，还可用射灯点缀装饰画上，也可起到较好的效果。

餐厅可利用灯光来调节室内气氛

餐厅可利用灯光作为辅助手段来调节室内色彩气氛，以达到利于饮食和愉悦身心的目的。例如，灯具选用白炽灯，经反光罩反射后以柔和的橙色光映照室内，形成橙黄色环境，能有效消除死气沉沉的低落感。寒冷的冬夜，如选用烛光色彩的光源照明或橙色射灯，使光线集中在餐桌上，也会产生温暖的感觉。

暖黄色的灯光令餐厅空间呈现出温馨的氛围，用餐时间显得轻松而惬意。

解疑 餐厅该如何做局部照明？

餐厅的照明设计不同于其他空间，餐厅环境讲求的是舒适、优雅、温馨。餐厅的照明方式以局部照明为主，灯光当然不止餐桌上方这一个局部，还要有相关的辅助灯光，起到烘托环境的作用。

卧室照明应以柔和为主

吊顶灯和床头灯为卧室带来了良好的照明环境。

卧室是休息的地方，除了提供易于养眼的柔和的光源之外，更重要的是要以灯光的布置来缓解白天紧张的生活压力。卧室照明应以柔和为主，可分为照亮整个室内的吊顶灯、床灯以及低的夜灯。吊顶灯应安装在光线不刺眼的位置；床灯可使室内的光线变得柔和，充满浪漫的气氛；而夜灯投出的阴影可使室内看起来更宽敞。

书房的灯具配备应齐全

　　书房灯具一般应配备有照明用的吊灯、壁灯和局部照明用的写字台灯。此外，还可以配一小型的床头灯，能随意移动，可安置于组合柜的隔板上，也可放在茶几或小柜上。另外，书房灯光应单纯一些，在保证照明度为前提下，可配乳白或淡黄色壁灯与吸顶灯。

壁灯和筒灯为书房带来的充足的照明，而光线又不过于强烈。

Tips：书房应避免强光刺眼

　　书房内要设有台灯和书柜射灯，便于主人阅读和查找书籍。但需注意台灯的光线要均匀地照射在读书写字的地方，不宜离人太近，以免强光刺眼。

厨房照明应以功能性为主

　　厨房照明以功能为主，主灯宜亮，设置于高处。同时还应配以局部照明，以方便洗涤、切配、烹饪等。而从亮度上来说，因为涉及做饭过程中的很多繁杂的工作，亮度较高对于眼睛也能起到较好的保护作用。主灯光可选择日光灯，其光量均匀、清洁，给人一种清爽感觉。然后再按照厨房家具和灶台的安排布局，选择局部照明用的壁灯和工作面照明用的、高低可调的吊灯，并安装有工作灯的脱排油烟机，贮物柜可安装柜内照明灯，使厨房内操作所涉及的工作面、备餐台、洗涤台、角落等都有足够的光线。

厨房光线柔和，灯具选用玻璃灯罩，既现代又方便清洁。

Tips：厨房灯具宜防水

　　厨房灯具宜采用防水灯具，如防雾灯等；线路的接头应严格用防水的绝缘胶布认真处理，以免水汽结露进入，造成短路，发生火灾。

卫浴照明需明亮、柔和、分布均匀

柔和的灯光令黄色系的卫浴更显温馨。

卫浴是一个使人身心放松的地方，因此要用明亮柔和的光线均匀地照亮整个浴室。许多卫浴间的自然采光不足，必须借助人工光源来解决空间的照明。一般来讲，卫浴间要采用整体照明和局部照明营造"光明"。卫浴的整体灯光不必过于充足，朦胧一些，有几处强调的重点即可，因此局部光源是营造空间气氛的主角。

Tips：卫浴灯具选择与安装要点

在卫浴灯具的选择上，应以具有可靠防水性与安全性的玻璃或塑料密封灯具为主。在灯饰的造型上，可根据自己的兴趣与爱好选择，但在安装时不宜过多，位置不可太低，以免累赘或发生溅水、碰撞等意外。此外，因为卫浴间比较潮湿，所以灯具的开关最好具有安全防护功能。

衣帽间光源布置应接近自然光

对于衣帽间而言，最好采用接近自然光的光源，以便使衣服的颜色接近正常，方便选择。房间内照明要充足，必要时增加辅助照明，以便翻找之需。此外，应注意灯光、色调等元素的合理与个性，以使其既融入居室整体风格，又能保持独特的情调。

衣帽间的灯光接近柔和的自然光，令衣物的颜色得到最真实的展现。

玄关照明要烘托出玄关明朗、温暖的氛围

　　玄关一般都不会紧挨窗户，要想利用自然光的介入来提高区间的光感是不可奢求的。因此，必须通过合理的灯光设计来烘托玄关明朗、温暖的氛围。一般在玄关处可配置较大的吊灯或吸顶灯作主灯，再添置些射灯、壁灯、荧光灯等作辅助光源。还可以运用一些光线朝上射的小型地灯作点缀。

TIPS：利用灯光为玄关营造气氛

　　用能够营造气氛的灯光来点缀玄关，使玄关处光线得当。从室外进入到室内，适当的照明非常重要，轻快柔和的灯光能让人感到轻松、愉快。暖色和冷色的灯光在玄关内均可以使用。暖色制造温情，冷色更清爽。

玄关顶面采用射灯，墙面运用壁灯，令玄关光源充足。

过道空间不仅有主光源的映射，而且有壁灯的加入，与主光源相辅相成，共同演绎着空间温馨的基调。

过道灯光设计应富有层次感

　　过道应该避免只依靠一个光源提供照明，因为一个光源往往会令人把注意力都集中在它上面，而忽略了其他因素，也会给空间造成压抑感，因此过道的灯光应该有层次，通过无形的灯光变化让空间富有生命力。而在灯具的选择上，不需要花大钱，那些小巧而实用的射灯和壁灯就是最好的选择。

TIPS：过道照明禁忌及建议

　　过道应保持光线充足，避免使用五颜六色的灯饰，色彩太多的灯具会使走动的人产生幻觉，情绪不安，最好用色调单一的灯具或只用一两个吸顶灯照明。建议采用黄色光线的日光灯，因黄色光线可增添走廊的生气，起到驱寒提神的作用。

楼梯照明需达到清晰照度

　　从楼梯所处的位置来讲，给人感觉大多较暗，所以光源的设计就变得尤为重要。主光源、次光源、艺术照明等方面都要根据实际情况而定。过暗的灯光不利于行走安全，过亮又易出现眩光。因此，光线要掌握在柔和的同时要达到一定的清晰照度。

吊灯为楼梯空间带来了良好的照明。

家具是房间布置的关键，

不论是色彩还是造型，

家具的配置直接体现了家具的实用性、

合理性及占据空间的能力。

在布置家具时，

可以先观察一下房间的结构，

确定活动中心；

考虑好贯通全室的过道之后再安放家具，

避免影响正常的室内走向。

Chapter ⑦
家具布置

家具布置的
设计原则

家具布置与空间
关系设计

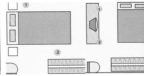

家具布置的
设计方法

家具布置与
空间动线

室内家具布置成功的关键

 设计要点

①家具的布置应该大小相衬，高低相接，错落有致。

②家具的摆放必须做到充分利用空间，摆放一定要合理，最好先制作一张家具摆放效果图，达到满意效果以后再进行布置。

③家具的数量要和谐，如布置过多的家具，会使人产生压迫感；而布置少量的家具，会给人带来空荡无依感。

家具布置中比例与尺度原则

在美学中，最经典的比例是"黄金分割"；尺度是不需要具体尺寸，凭人的感觉得到的对物的印象。比例是理性的、具体的；尺度则是感性的、抽象的。如果没有特别的偏好，不妨就用 1 ：0.618 的完美比例来划分空间进行家具布置，这会是一个非常讨巧的办法。

客厅中沙发、茶几布置合理，一侧的餐桌椅在符合家具摆放比例合理的同时，也增加了居室的使用功能。

TIPS：家具布置不宜采用同一比例

值得注意的是，家具采用同一比例的布置方式虽然会让空间显得协调，但也会略显刻板。在局部，尺度一定要有所变化，这样才能营造空间的层次感。

家具布置中稳定与轻巧原则

四平八稳的家具布置给人内敛、理性的感觉，轻巧灵活的布置则让人感觉流畅、感性。把稳定用在整体，轻巧用在局部，就能造就完美的家居空间。

靠窗一侧的沙发摆放中规中矩，对面放置一把棕色的单人沙发，增强了家具布置的灵活性。

Tips：要拿捏好家具布置的关系

值得注意的是，一定要拿捏好稳定与轻巧的关系，从家具的造型、色彩上都注意轻重结合，这样才能对整体空间有个合理的布局。

家具布置中对比与协调原则

在家居空间中，对比无处不在，无论是风格上的现代与传统、色彩上的冷与暖、材质上的柔软与粗糙，还是光线的明与暗。没有人会否认，对比能增添空间的趣味。但是过于强烈的对比会让人一直神经紧绷，协调无疑是缓冲对比的一种有效手段。在家居布置上也应该遵循这一原则。

客厅中的沙发色彩一冷一暖，形成色彩上的对比，但造型与材质则较协调统一。

家具布置中节奏与韵律原则

在音乐里，节奏与韵律一直是密不可分的，在家具布置上同样存在着节奏与韵律。节奏与韵律是通过家具的大小、造型上的直线与曲线、材质的疏密变化等来实现的。

具有曲线线条的沙发为居室带来韵律美，与方正的茶几相搭配，带来节奏感。

家具布置中对称与均衡原则

在家具布置上，对称与均衡无处不在。对称是指以某一点为轴心，求得上下、左右的均衡。现在居室的家具布置中往往在基本对称的基础上进行变化，造成局部不对称或对比，这也是一种审美原则。另有一种方法是打破对称，或缩小对称在室内装饰的应用范围，使之产生一种有变化的对称美。

餐桌两边是造型一致、颜色不同的餐椅，形成变化中的对称，在形式和色彩上达成视觉均衡，产生一种有变化的对称美。

家具布置中过渡与呼应原则

家具的形色不会总都是一样的，所以一定要注意个体家具之间、家具与整体环境之间的过渡与呼应。如果家具的造型都为简洁型，为避免单调，可以在布艺和饰品上做功夫，选择具有特色的物件，为居室带来视觉上的和谐过渡。

沙发与茶几都是简洁的造型，彼此之间有很好的呼应；茶几上的工艺饰品则给视觉一个和谐的过渡，使得空间变得非常流畅、自然。

家具布置中主要与次要原则

主次关系是家具布置需要考虑的一个基本因素。要确定主次关系并不难，一般与家具在空间中的地位有关。在大空间和谐的基础上，不妨试试通过一两件有格调的、独特的家具来构建自己的风格。

次要家具半月形的茶几与主要家具沙发造型感十足，最为富有新意的是，茶几在不用时还可以成为沙发的一部分。

家具布置中单纯与风格原则

购买家具最好配套，以达到家具的大小、颜色、风格和谐统一。家具与其他设备及装饰物也应风格统一、有机地结合在一起。如平面直角电视应配备款式现代的组合柜，并以此为中心配备精巧的沙发、茶几等；如窗帘、灯罩、床罩、台布等装饰的用料、式样、颜色、图案也应与家具及设备相呼应。如果组合不好，即使是高档家具也会显不出特色，失去应有的光彩。

简约风格的居室中沙发与餐桌的造型都很简洁，单独出现的座椅虽然在造型上有所变化，却与整体家居风格丝毫不冲突。

家具布置的设计方法　根据区域布置家具

 设计要点

①在离窗户较远的安静区，光线比较弱，噪声也比较小，以床铺、衣柜等家具布置为适宜。

②在靠近窗户的明亮区，光线明亮，适合于看书写字，以放置写字台、书架为好。

③在进入居室的行动区，除留一定的行走活动地盘外，可在这一区放置沙发、桌椅等家具，家具按区摆置，房间就能得到合理利用，并给人以舒适清爽感。

一看就懂的装修设计书

家具的大小和数量应与居室空间协调

住房面积较大	可以选择较大的家具，数量也可适当增加一些。家具太少，容易造成室内的空荡荡的感觉，且增加人的寂寞感。
住房面积较小	应选择一些精致、轻巧的家具。家具太多太大，会使人产生窒息感与压迫感。注意数量应根据居室面积而定，切忌盲目追求家具的件数与套数。

具有流动美的家具布置方法

家具布置的流动美是通过家具的排列组合、线条连接来体现的。直线线条流动较慢，给人以庄严感。性格沉静的人，可以将家具的排列尽量整齐一致，形成直线的变化，营造典雅、沉稳的气质。曲线线条流动较快，给人以活跃感。性格活泼的人，可以将家具搭配的变化多一些，形成明显的起伏变化，营造活泼、热烈的氛围。

曲线条的家居为居室带来轻松、活泼的视觉感受。

直线条的家具为居室带来整齐、干净的视觉感受。

布局合理的家具布置方法

居室中家具的空间布局必须合理。摆放家具要考虑室内走动路线，使人的出入活动快捷方便，不能曲折迂回，更不能造成家具使用的不方便。摆放时还要考虑采光、通风等因素，不要影响光线照入和空气流通。

沙发与书柜之间预留出行走路线，方便居住者日常拿取物件。

摆放均衡的家具布置方法

家具布置中平面布置和立面布置要有机地结合，家具应均衡地布置于室内，不要一边或一角放置过多的家具，而另一角或一边比较空荡。也不要将高大的家具集中并排列在一起，以免和高度较低的家具形成强烈的反差。要尽可能做到家具的高低相接、大小相配。还要在平淡的角落和地方配置装饰用的花卉、盆景、字画和装饰物。这样既可弥补布置上的缺陷和平淡，又可增加居室温馨感和审美情趣。

床的两边摆放同样规格的床头柜，以求得协调和舒畅。

家具布置与空间关系设计

不同空间其家具布置也不同

 设计要点

①空间家具布置应该根据业主的活动情况和空间的特点来进行布置，可按不同的家居风格选用对称形、曲线形或自由组合形等多种形式来进行自由布置。

②不同的家居环境中，有各自的核心家具，如客厅中的沙发、餐厅中的餐桌椅，卧室中的床等，这些家具布置是家居空间设计的要点。

③空间中的家具布置要以符合居住者的需求为首要目的，除了一些核心家具之外，可以适当地加入一些辅助家具，但原则是不要喧宾夺主。

客厅家具布置应避免交通斜穿

客厅通常以聚谈、会客为主体，辅助其他区域而形成主次分明的空间布局，往往是由一组沙发、座椅、茶几、电视柜围合而成，又可以用装饰地毯、吊顶造型以及灯具呼应达到强化中心感。另外，客厅的家具布置要避免交通斜穿，可以利用家具布置来巧妙围合、分割空间，以保持区域空间的完整性。

客厅核心家具的布置

分类	特点
沙发为核心区	沙发作为客厅内最为抢眼的大型家具，应与吊顶、墙壁、地面、门窗颜色风格统一，达到协调的效果。
茶几为核心区	一款新颖独特的茶几，往往可以成为客厅中的视觉焦点，打造出一个既省钱又容易出效果的客厅核心区。

餐厅空间因色彩和摆设显得十分整洁利落，长方形的餐桌既可以满足其基本功能，还可以作为读书、工作时的场所。

以餐桌椅为核心区域

餐桌椅作为餐厅中的主要家具，不同造型也可以为家居环境带来不一样的视觉效果。例如，圆形的餐桌，不仅象征一家老少团圆，亲密无间，而且聚拢人气，能够很好地烘托进食的气氛。而可以容纳多人的长型餐桌，不仅方便宴客使用，而且平时还可以作为工作台，可谓一举两得。另外，造型独特的餐椅也可以为餐厅增添别样情趣。

卧室睡眠区的家具摆放讲求合理性与科学性

卧室中最主要的功能区域是睡眠区，睡床的摆放要讲求合理性和科学性。一般床的摆放为：单人床式卧室、双人床式卧室和对床卧室三种形态。床的摆放位置一般是卧室布局的关键，要放在光线较弱处。房间较小的，可以使两面靠墙，以减少占用面积；房间较大的，可以安置一面靠墙。大立柜应避免靠近窗户，以免产生大面积的阴影。门的正面应放置较低矮的家具，否则则会产生压抑感。

Tips：卧室梳妆区域家具摆放原则

卧室内梳妆区域的家具、梳妆台、镜子凳也是这一区域的主要家具。空间布置可依室内情况及个人爱好分别采用移动式、组配式或嵌入式的梳妆家具形式，但后者显然更为节省空间，并增强卧室的整体美感。

书房家具摆放应整洁有序、方便实用

书房家具的摆放，切忌乱而杂，以整洁有序、方便实用为主。书桌与书架应距离较近，否则会造成拿放书籍不方便的情况，一般相邻或相靠摆放。另外，书桌的自然采光很重要，一般靠窗摆放，但最好不要正对窗户，这样会导致光线太强，应摆放在窗户左右侧。有的书房除座椅外，还会放置沙发，一般靠墙摆放，并尽量不要紧挨书桌。

合理摆放地家具，令书房呈现出整洁容貌的同时，也十分实用。

书房家具布置的三种方法

分类	特点
一字形书房布置	将写字桌、书柜与墙面平行布置，这种方法使书房显得简洁素雅，形成一种宁静的学习气氛。
L形书房布置	靠墙角布置，将书柜与写字桌布置成直角，这种方法占地面积小。
U形书房布置	将书桌布置在中间，以人为中心，两侧布置书柜、书架、小柜或沙发，这种布置使用较方便，但占地面积大，适合于面积较大的书房。

操作台、洗涤台、烹调台的位置要合理

对大多数家庭来说，窄小的面积是厨房最不能令人满意的地方。在有限的空间中，合理的家具尺度选择和合理的功能布局就显得非常重要。厨房的家具主要有三大类：操作台、洗涤台以及烹调台。这三个部分的合理布置是厨房家具布置成功与否的关键。应按照烹饪操作顺序来布置，以方便操作，避免人的过多走动。

厨房分区合理，操作台、洗涤台、烹调台在三角动线之上，方便日常操作。

Tips：厨房设备位置要充分考虑人体机能

除在布置上应考虑人体和家具的尺寸外，围绕某些设备（如冰箱、消毒柜、微波炉等）的活动范围也要认真对待。在有限的空间中，充分向上和向下发展是必然趋势，这就要求在设计和选购吊柜、低柜的过程中，要充分考虑到人体机能，以免给日后的操作带来不便和麻烦。

卫浴中的地柜拥有强大的收纳功能，隔板的设计更是为空间增加了收纳空间。

卫浴家具布置应体现合理分区

浴室家具通过搁物板、储物柜、地柜等多个元素，将卫浴的空间进行合理的划分，使洗漱、化妆、更衣等功能区别明确，还增强了卫浴的储纳能力。浴室家具有落地式和悬挂式两种。落地式尤其适用于空间较大且干湿分离的卫浴，而悬挂式最大的特色就是节省空间。

玄关家具摆放以不影响业主的出入为原则

条案、低柜、边桌、明式椅、博古架，玄关处不同的家具摆放，可以承担不同的功能，或收纳，或展示。但鉴于玄关空间的有限性，在玄关处摆放的家具应以不影响业主的出入为原则。如果居室面积偏小，可以利用低柜、鞋柜等家具扩大储物空间，而且像手提包、钥匙、纸巾包、帽子、便笺等物品即可放在柜子上。另外，还可通过改装家具来达到一举两得的效果，如把落地式家具改成悬挂的陈列架，或把低柜做成敞开式挂衣柜，增加实用性的同时又节省了空间。

阳台家具布置应根据空间大小决定

阳台最好选用防水性能较好、不易变形的家具。木质家具比较朴实，最贴近自然；金属家具较能承受户外的风吹雨打，而且风格现代、简洁，是不错的选择。在布置方面，阳台窄一点的，可以放上一张逍遥椅；宽一点的，可以放上漂亮的小桌椅；而大型的露天阳台内，一把亮丽的遮阳伞是必不可少的，再摆几个别致的饰物，阳台顿时显得生动许多。

大容量的木质装饰柜与玄关墙面完美融合，其间的绿色盆栽为空间带来了生机。

造型优雅的铁艺桌椅令阳台充满了田园气息。

解疑 如何用玄关家具打造过渡区域？

如果入门处的走道狭窄，就要尽量将家具靠墙或挂墙摆放，嵌入式的更衣柜是最佳选择，脚凳和镜子可以包含储物等多重功能。此处的玄关家具应少而精，避免拥挤和凌乱。走道是走动频繁的地带，为了不影响进出两边居室，玄关家具最好不要太大，圆润的曲线造型既会给空间带来流畅感，也不会因为尖角和硬边框给业主的出入带来不便。

家具布置与空间动线
决定空间行走是否便捷

设计要点

①动线，是室内设计的用语之一，意指人在室内移动的点，连合起来就成为动线。

②家居的动线是设计中相当重要的一环，长久居住在这个室内的人，会产生相当复杂的动线，因此在具体设计时，空间大小，包括平面面积和空间高度，空间相互之间的位置关系和高度关系，以及家庭成员的身心状况、活动需求、习惯嗜好等都是动线设计时应考虑的基本因素。

③空间中的动线可划分为家务动线、家人动线和访客动线，三条线不能交叉，这是动线设计中的基本原则。其中家务动线要尽可能短，才能满足空间追求便捷、舒适的特点。家人动线主要包括入户活动动线、休息睡眠动线等，要充分尊重居住者的生活习惯。访客动线不应与家人动线和家务动线交叉，以免在客人拜访的时候影响家人休息或工作。

客厅、餐厅的动线规划

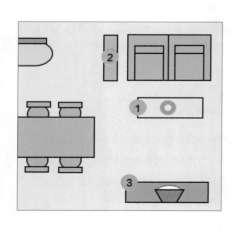

一、正方形小客厅的动线规划

1. 活动式家具：选择可移动的家具，如茶几，可以令空间运动更加灵活。

2. 家具区隔空间：可以利用家具如鞋柜区隔客厅、玄关及餐厅空间。

3. 家具靠一边摆放：方正的客餐厅里，家具最好只靠在其中一边的墙壁，用以节省空间。

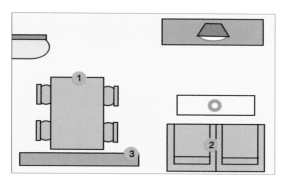

二、横长形小客厅的动线规划

1. **先进餐厅再进客厅**：横长形的客餐厅，最好先进餐厅，再进客厅，才能令动线更加顺畅。

2. **双人沙发**：因为空间有限，可以选择双人沙发，搭配可移动的茶几。

3. **沿墙延伸收纳功能**：收纳空间的规划如餐柜及电视柜可以沿墙规划。

三、横长形大客厅的动线规划

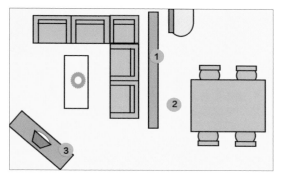

1. **独立出入动线**：客厅、餐厅面积够大，可在沙发的背面摆放低柜，令动线更加独立。

2. **低柜朝向餐桌**：低柜的开口可以朝向餐桌方向，动线上方便餐厅的人使用。

3. **轴线位移延长面宽**：一般沙发距电视的距离至少要3m以上，若距离不够可将电视柜移位延伸空间。

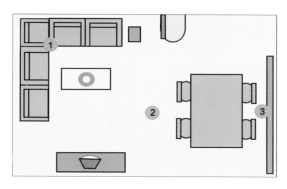

1. **L形沙发的搭配**：沙发摆放不一定按照传统的321配置，可以用L形沙发搭配单椅。

2. **开放设计延伸空间感**：客厅与餐厅连接不做任何间隔，通过开放的设计延伸空间感。

3. **餐桌与餐柜的距离**：餐柜在桌子和柜子间预留80cm以上的距离，不影响餐厅功能的同时，且令动线更方便。

Tips：客厅要预留出两人相错的空间

客厅和卧室不同，客厅是多人集中的地方，从入口到餐桌或到沙发的路线，是使用频率最高的，因此要设计为宽敞的空间。一个人正面前进需要的空间为 55～60cm，为了让两个人能错身而过，则需要预留 110～120cm 的空间。这样明晰的动线，可以令家居环境更加素整，也避免了因购入过多家具而产生浪费。

一、正方形小卧室的动线规划

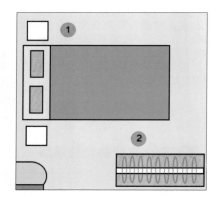

　　1. 两边过道要50cm：小卧室的床可以放在居室的中间，两边预留50cm左右的空间才合适。

　　2. 预留过道不要阻塞：小卧室中选择双人床，要预留三边的走动空间，这种摆设比较容易。

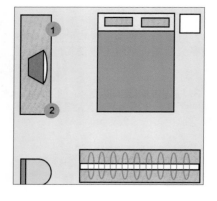

　　1. 增添视听设备：正方形的小卧室，因空间方正，可以增加电视等视听设备，但要预留出足够的走动空间。

　　2. 视听设备结合衣柜：可以将视听柜和大衣柜结合设计，也可以摆放书桌等家具，只要做到左图中的摆放，则不会影响家居动线。

一看就懂的装修设计书

二、横长形小卧室的动线规划

　　1. 床靠墙摆多出空间：在小卧室中，可以将双人床靠墙摆放，空余出放化妆台或书桌的空间。

　　2. 选择收纳功能的床：床底最好带有收纳功能，可用来存放棉被等物品，避免因太多杂物干扰动线。

　　3. 沿墙摆放衣柜：多利用门后与墙壁的空间，如用来摆放衣柜。

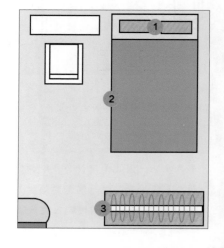

三、横长形大卧室的动线规划

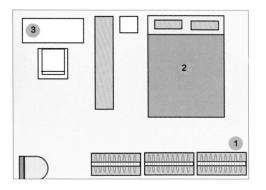

1. **卧室区隔衣帽间**：更衣室的收纳功能比衣柜强大，若卧室的空间足够，可将衣帽间规划在卧室角落或卧室与卫浴的畸零空间。

2. **门在角落的房间床居中摆放**：床居中摆放，两边是衣柜及书桌，是十分好用的基础摆设，书柜找到合适空间靠墙摆设即可。

3. **大空间可以规划阅读区域**：大卧室中可以规划小书房，书桌与床之间用书架隔开。区隔用的家具高度为150cm左右。

Tips：要合理规划卧室床的位置

在卧室中，床占了很大的比重，想要拥有充裕的开放空间，要优先考虑床的宽度。床靠墙摆放，要和墙保持10cm左右的距离，这样被子摊开后，手也不会撞到墙壁。

厨房的动线规划

一、"一"字形厨房的动线规划

1. **动线"一"字形排开**：厨具主要沿墙面一字排开，动线规划重点为冰箱（→工作台）→洗涤区→处理区→烹饪区（→备餐区），最佳的空间长度为2m。

2. **处理台面的设计**：处理台面一般介于水槽区和灶具区之间，因此宽度至少要有40cm，若能预留80~100cm更佳。

3. **灶具位置很重要**：燃气灶具的设置应靠近窗户或后阳台，以利于通风，燃气灶具最好不要紧靠墙面。

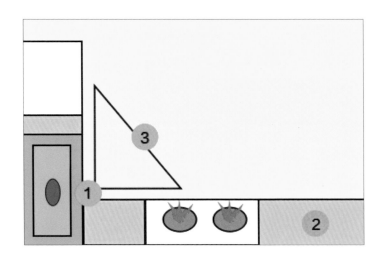

二、"L"形厨房的动线规划

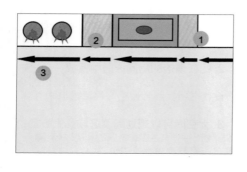

1. **洗涤区与灶具区安排在不同轴线上**：L形厨房规划上应将设备沿着L形的两条轴线依序摆放；会产生高温、油烟的烤箱、灶具置于同一区，冰箱和水槽则置于另一轴线上。

2. **L字形厨房的动线安排**：各式的独立密闭空间或开放空间，都可以运用L形厨房，但摆设厨具的每一墙面都至少要预留1.5m以上的长度。

3. **适当距离形成工作金三角**：灶具、烤箱或微波炉等设备建议摆放在同一轴线上，距离为60～90cm，就能形成一个完美的工作金三角，最长可在2.8m左右，才不会降低工作效率。

三、走廊形厨房的动线规划

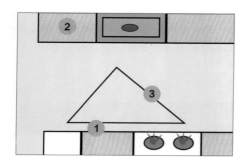

1. **料理区与收纳区分开**：走廊形厨房的规划理念大半会将其中一排规划成料理区，另一排规划为冰箱、高柜及放置小家电的平台。

2. **工作平台也是备餐区**：可以把另一边的厨具作为备餐区。炒好菜，转个身就可以把菜放到后边的工作平台上。

3. **走廊形厨房的动线安排**：为了保持走道顺畅，令两个人同时在厨房内活动时不会显得太过局促，两边的间隔最好能保持在90～120cm的距离。

四、中岛形厨房的动线规划

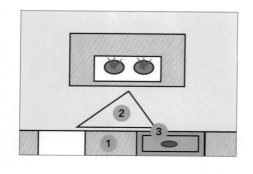

1. **L形厨房加装便餐台**：一般常见岛形厨房的设计，是在L形厨房当中，加装一个便餐台或料理台面，可以同时容纳多人一起使用。

2. **台面距离关系动线流畅**：中岛形厨具与其他台面的距离需保留在105cm左右，才能保证动线的流畅与取用的方便。

3. **洗涤区要靠近冰箱**：洗涤区设置应尽可能以最靠近冰箱的位置为宜，减少往返走动的时间与不便。

Tips：符合人体工学的厨具位置很重要

厨房主要的工作大致是水槽在黄金三角动线内往返交错应控制在2m左右，才是最合理并省力的空间设计。理想的厨具是不会让人腰酸背痛，因此业主在选定厨具后，应请设计师根据主妇的身高需求做厨具的调整，一般正常的工作台高度距地面为85cm，而吊柜上缘的高度一般不超过230cm。所以，符合人体工学是考虑厨具位置绝不可少的重要条件。

卫浴的动线规划

一、横长形卫浴的动线规划

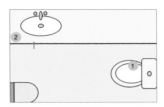

1. 坐便器的位置摆放：坐便器通常不对门，也不放在浴缸旁，尽量是规划在门后或是墙的贴壁角落，而坐便器旁边的空间最少要有 70cm 以上。

2. 主线以洗漱区为主：卫浴空间的动线要考虑以圆形为主，将主要动线留在洗漱区前，活动的空间顺畅即可。

二、竖长形卫浴的动线规划

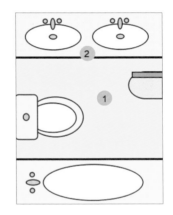

1. 长形空间较好规划：长方形卫浴空间比正方形空间要好规划，双洗手台面可以将坐便器、浴缸、洗漱台等做区隔，并可延伸成双洗手台设计。

2. 事先规划好尺寸：一般浴缸长为 150 ~ 180cm，宽约 80cm，高度为 50 ~ 60cm，而洗手台的宽度至少要 100cm，规划时要注意尺寸丈量的问题。

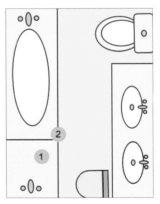

1. 独立沐浴区：若卫浴的面积够大，除了坐便器、洗手台、浴缸外，再规划一个独立沐浴区，令空间做到干湿分离。

2. 沐浴区与浴缸相连：相对于正方形浴室，长方形浴室更适合四件式浴室规划，建议将坐便器及洗手台规划为同一列，浴缸及沐浴区则为另一列，不但节省空间，动线使用也更为流畅。

Tips：卫浴依面积规划设备

　　卫浴空间的重点物件不外乎是洗手台、坐便器、浴缸或是淋浴设备。基本的浴室则为全套及半套两种，需考虑实际面积来选择。例如，面积不到 $5m^2$ 的小浴室，就不要勉强摆入浴缸，用淋浴设备取代即可；或是将洗手台、梳妆镜移到浴室外，做成干湿分离。

家居配饰是关于整体环境、空间美学、

陈设艺术、生活功能、材质风格、

意境体验、个性偏好等多种复杂元素的融合。

家居配饰的元素包括装饰画、陶瓷、

花艺绿植、布艺、灯饰，以及其他装饰摆件等。

家居配饰的每一个区域、每一种产品，

都是整体环境的有机组成部分。

Chapter ⑧
配饰设计

家居配饰的分类   装饰画设计

工艺饰品设计   布艺织物设计

家居配饰的分类 美化家居的好帮手

 设计要点

①家居配饰即为软装（软装修、软装饰）的一部分，指在居室完成装修之后，利用可更换、可更新的布艺、窗帘、绿植、铁艺、挂画、挂毯等进行的二次装饰。

②设计时可根据居住者的喜好和特定配饰风格，通过对配饰产品进行设计与整合，完成空间按照一定设计风格和效果进行装饰，最终达到整个空间和谐、温馨、漂亮。

③家居配饰可根据居室空间的大小形状、居住者的生活习惯、兴趣爱好和经济情况，来体现居住者的个性品位，从而避免"千家"一面。

家居配饰主要构成元素分类

分类		特点
工艺饰品		通过手工或机器将原料或半成品加工而成的产品，是对一组价值艺术品的总称。包括陶瓷摆件、铁艺摆件、玻璃摆件等。
装饰画		起装饰美化作用的展示画作，常被装饰于居室表面，包括挂画、插画、照片墙、相框、漆画、壁画、装饰画、油画等。
布艺织物		室内装饰中的常用物品，包括窗帘、床上用品、地毯、桌布、桌旗、靠垫等。
绿植花卉		包括装饰花艺、鲜花、干花、花盆、艺术插花、绿化植物、盆景园艺等。

工艺饰品设计

增添居室格调

设计要点

①要注意尺度和比例。随意填充和堆砌，会产生没有条理、没有秩序的感觉；布置有序的艺术品会有一种节奏感，因此要注意大小、高低、疏密、色彩的搭配。

②要注意艺术效果。在家具上，可有意摆放不同材质的工艺品，以打破单调感；如果家具过于平直，可放置造型感强的工艺品，以丰富整体形象。

③注意质地对比。较硬的材质上，如大理石，可以放置带有柔软感的饰物，如布绒饰物；具有温馨感的木质材质上，可摆放铁艺工艺品等；材质对比更能突出工艺品的地位。

④注意工艺品与整个环境的色彩关系。小工艺品最好选择色彩艳丽些的，大工艺品要注意与环境色调的协调。具体摆设时，色彩鲜艳的宜放在深色家具上。

工艺品在居室装饰中陈列及摆放方式

工艺品想要达到良好的装饰效果，其陈列以及摆放方式都是尤为重要的，既要与整个室内装修的风格相协调，也能够鲜明体现设计主题。不同类别的工艺品在摆放陈列时，要特别注意将其摆放在适宜的位置，而且不宜过多、过滥，只有摆放得当、恰到好处，才能拥有良好的装饰效果。

利用居室的一面墙设计搁架，摆放上工艺品，与居室整体简约的风格相搭配。

工艺品在家居中的摆放位置

　　一些较大型的反映设计主题的工艺品，应放在较为突出的视觉中心的位置，以起到鲜明的装饰效果，使居室装饰锦上添花。在一些不引人注意的地方，也可放些工艺品，从而使居室看起来更加丰满。例如，书架上除了书之外，也陈列一些小的装饰品，如小雕塑等饰物，看起来既严肃又活泼。在书桌、案头也可摆放一些小艺术品，增加生活气息。但切忌过多，到处摆放的效果将适得其反。

茶几上的金钱豹工艺品体现出欧式风格的奢华感。

解疑 没有经验，想在家摆些工艺品，应该从何下手？

　　小型工艺饰品是最容易上手的布置单品，在开始进行空间装饰的时候，可以先从此着手进行布置，增强自己对家饰的感觉，再慢慢扩散到体积较大或者不易挪动的饰品。

铁艺饰品的材料分类

分类	特点
扁铁	扁铁与铸铁一般都用于较大构件制作，形式比较粗犷，价格也相对比较低廉一些。
铸铁	
锻铁	常用的大部分铁艺饰品现在都采用锻铁制作，这种制品材质比较纯正，含碳量较低，其制品也较细腻。

铁艺装饰品是家居中独特的美学产物

铁艺装饰品是家居中常用的装饰元素，无论是铁艺烛台，还是铁艺花器等，都可以成为家居中独特的美学产物。铁艺在不动声色中，被现代的工艺变幻成了圆形、椭圆形、直线或曲线，变成了艺术的另一种延伸和另一种表现力。只要运用得当，铁艺与其他配饰巧妙地搭配，便能为居室带来一种让人心情愉悦的和谐气氛。

大提琴形状的铁艺酒架为居室增添了格调。

铁艺与其他材质的饰品搭配

1	**铁艺与藤。**一个理性、一个感性，在对比中产生和谐，形成轻快、明朗的感觉，在沉稳中不失活泼。
2	**铁艺与实木。**铁的质地冰冷清凉，实木又是最自然原始的家具素材，两者的组合带给人简洁质朴的感觉，自然又简单。
3	**铁艺与皮革。**铁与皮质相结合的铁艺饰品带来浓浓的欧洲时尚气息，展现出简洁圆润的空间设计感，在皮料极具质感的衬托下，冷酷而理性的金属特性表现得淋漓尽致。
4	**铁艺与布艺。**铁艺与布艺的巧妙结合，会制造出意想不到的效果。柔软的布艺与刚硬铁艺的巧妙结合，布艺的柔和能够软化金属铁的硬朗，能够让居室中更添一丝生活气息。
5	**铁艺与玻璃。**铁艺因其色泽多为黑色和古铜色，势必给人以沉重感，而玻璃的单纯和透明可以与之形成一定的对比反差。
6	**铁艺与塑料。**冷酷坚硬的铁与温暖柔韧的塑料结合，让人拥有悠闲放松的假日体验，而明亮的金属搭配色泽明亮的塑料，更能给时尚生活多增添几分亮丽鲜艳的色彩。

铁艺饰品可以丰富空间的层次

铁艺饰品线条明快、简洁，集功能性和装饰性于一体，集古典美与现代美于一身。在家居中一般用在椅子、茶几、花架、鞋柜、杂品柜、防盗门、暖气罩、楼梯扶手和挂在墙面的饰物上。这些兼具实用性和艺术性的铁艺饰品呈现出典雅大方的特点，家居中许多"死角"更可装饰上铁艺饰品，打破单调的平面布局来丰富空间的层次，并与整个家居的设计相映成趣。

◎复古空间给人大气的感觉，铁艺雕花是很好的装饰品，其稳重的特性与居室的整体风格一致，又能为空间带来一丝华丽气息。

◎铁艺在家装的很多地方都有用武之地。但由于铁艺饰品色泽暗淡，容易给人以沉重感，所以在家居空间中不宜过多使用。

陶艺品的种类

分类	特点
组合陶艺 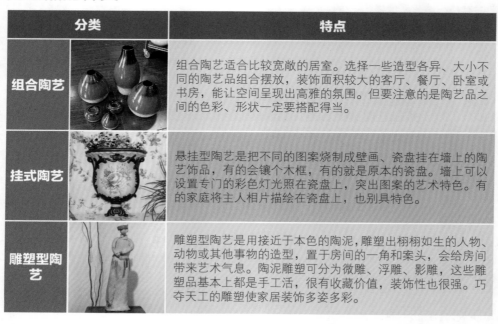	组合陶艺适合比较宽敞的居室。选择一些造型各异、大小不同的陶艺品组合摆放，装饰面积较大的客厅、餐厅、卧室或书房，能让空间呈现出高雅的氛围。但要注意的是陶艺品之间的色彩、形状一定要搭配得当。
挂式陶艺	悬挂型陶艺是把不同的图案烧制成壁画、瓷盘挂在墙上的陶艺饰品，有的会镶个木框，有的就是原本的瓷盘。墙上可以设置专门的彩色灯光照在瓷盘上，突出图案的艺术特色。有的家庭将主人相片描绘在瓷盘上，也别具特色。
雕塑型陶艺	雕塑型陶艺是用接近于本色的陶泥，雕塑出栩栩如生的人物、动物或其他事物的造型，置于房间的一角和案头，会给房间带来艺术气息。陶泥雕塑可分为微雕、浮雕、影雕，这些雕塑品基本上都是手工活，很有收藏价值，装饰性也很强。巧夺天工的雕塑使家居装饰多姿多彩。

陶艺饰品的搭配宜精不宜多

陶艺饰品的摆放原则是宜精不宜多，要与整体家居环境相和谐，既要考虑到空间的大小、风格，也要考虑到家具式样、颜色。一般情况下，面积较小的房间，放上一个大陶雕，会有喧宾夺主的感觉。

卧室中的装饰品不多，仅用床头柜上的两个陶艺天鹅饰品就轻易渲染出居室格调。

玻璃饰品可以起到反衬和活跃气氛的效果

　　玻璃饰品通透、多彩、纯净、莹润，颇受人们的喜爱。在厚重的家具体量中，轻盈的玻璃饰品可以起到反衬和活跃气氛的效果；在华贵的装饰中用玻璃制品，可以突出静谧高贵的气质；在鲜艳热闹的场合里用描金的彩绘玻璃品，可以营造出欢快的气氛。

体量较小的茶几上摆放透明的玻璃花器，为居室增添了灵动的气息。

装饰画设计

活跃家居氛围

 设计要点

　　①居室内最好选择同种风格的装饰画，也可以偶尔使用一两幅风格截然不同的装饰画做点缀，但不可使人产生眼花缭乱的感觉。

　　②如果装饰画特别显眼，同时风格十分明显，具有强烈的视觉冲击力，最好按其风格来搭配家具、靠垫等。

　　③装饰画应宁少勿多，宁缺毋滥，在一个空间环境里形成一两个视觉点就够了，留下足够的空间来启发想象。

　　④选择装饰画首先要考虑悬挂墙面的空间大小。如果墙面有足够的空间，可以挂置一幅尺寸较大的画来装饰；当空间比较局促的时候，就不应当选用大的装饰画，而应当考虑尺寸较小的画，这样不会有压迫感，同时留出一定的空间。

根据家居空间确定装饰画的尺寸

　　装饰画的尺寸宜根据房间特征和主体家具的尺寸选择。例如，客厅的画高度以 50 ~ 80cm 为佳，长度不宜小于主体家具的 2/3，比较小的空间，可以选择高度 25cm 左右的装饰画，如果空间高度在 3m 以上，最好选择尺寸较大的画，以突显效果。另外，画幅的大小和房间面积有一定的比例关系，这个关系决定了这幅画在视觉上的舒服与否。一般情况下稍大的房间，单幅画的尺寸以 60cm 乘以 80cm 左右为宜。通常以站立时人的视点平行线略低一些作为画框底部的基准，沙发后面的画则要挂得更低一些。可以反复比试最后决定最佳注视距离，原则是不能让人视觉上产生疲劳感。

Tips：装饰画的整体形状和墙面搭配原则

　　一般来说，狭长的墙面适合挂放狭长、多幅组合或者尺寸较小的画，方形的墙面适合挂放横幅、方形或者尺寸较小的画。

装饰画的分类

分类		特点
中国画		中国画具有清雅、古逸、含蓄、悠远的意境，不管是山水、人物、还是花鸟，均以立意为先，特别适合与中式风格装修搭配。中国画常见的形式有横、竖、方、圆、扇形等，可创作在纸、绢、帛、扇面、陶瓷、屏风等物上。
油画		油画具有极强的表现力。丰富的色彩变化，透明、厚重的层次对比，变化无穷的笔触及坚实的耐久性。欧式古典风格的居室，色彩厚重、风格华丽，特别适合搭配油画做装饰。
摄影画		摄影画是近现代出现的一种装饰画，画面包括"具象"和"抽象"两种类型。摄影画的主题多样，根据画面的色彩和主题的内容，搭配不同风格的画框，可以用在多种风格之中。例如，华丽色彩的古典主题可搭配欧式风格，简约的黑白画可搭配现代简约风格等。
工艺画		工艺画是指用各种材料通过拼贴、镶嵌、彩绘等工艺制作成的装饰画，不同的装饰风格可以选择不同工艺的装饰画做搭配。

根据居室采光设计装饰画的方法

1	光线不理想的房间。不要选用黑白色系的装饰画或国画，这样会让空间显得更为阴暗。
2	光线强烈的房间。不要选用暖色调色彩明亮的装饰画，否则会让空间失去视觉焦点。
3	利用照明使挂画更出色。许多美术馆和餐厅商店，都以聚光灯为墙上的装饰品勾画出无形的展示空间，家居装饰也可以如法炮制，以聚光灯立体地展现艺术品的格调。例如，让一支小聚光灯直接照射挂画，能营造出更精彩的装饰效果。

装饰画悬挂方式分类

分类	特点
对称式	这种布置方式最为保守、不容易出错，是最简单的墙面装饰手法。将两幅装饰画左右或上下对称悬挂，便可以达到装饰效果。而这种由两幅装饰画组成的装饰更适合面积较小的区域。需要注意的是，这种对称挂法适用于同一系列内容的图画。
重复式	面积相对较大的墙面则可以采用重复挂法。将三幅造型、尺寸相同的装饰画平行悬挂，成为墙面装饰。需要注意的是，三幅装饰画的图案包括边框应尽量简约，浅色或是无框的款式更为适合。图画太过复杂或边框过于夸张的款式均不适合这种挂法，容易显得累赘。
水平线式	喜好摄影和旅游的人喜欢在家里布置照片为主体的墙面，来展示自己多年来的旅行足迹，如果将若干张照片镶在完全一样的相框中悬挂在墙面上难免过于死板。可以将相框更换成尺寸不同、造型各异的款式，但是无序地排列这些照片看起来会感觉十分凌乱，可以以画框的上缘或者下缘为一条水平线进行排列，在这条线的上方或者下方组合大量画作。另外，对于喜欢新鲜感的人来说，反复拆装相框后留下的挂钩印只会让墙面变得伤痕累累，影响美观，可以在墙面安装一个隔板，这样就能够随意添加、改变和重新布置。
方框线式	在墙面上悬挂多幅装饰画还可以采用方框线挂法。这种挂法组合出的装饰墙看起来更加整齐。首先需要根据墙面的情况，在脑中勾勒出一个方框形，以此为界，在方框中填入画框，可以放四幅、八幅甚至更多幅装饰画。悬挂时要确保画框都放入了构想中的方框形中，于是尺寸各异的图画便形成一个规则的方形，这样装饰墙看起来既整洁又漂亮。
建筑结构线式	如果房间的层高较高，可以沿着门框和柜子的走势悬挂装饰画，这样在装饰房间的同时，还可以柔和建筑空间中的硬线条。例如，以门和家具作为设计的参考线，悬挂画框或贴上装饰贴纸。而在楼梯间，则可以以楼梯坡度为参考线悬挂一组装饰画，将此处变成艺术走廊。

照片墙的材质非常丰富

　　家居中的照片墙承载着展现家庭重要记忆的使命，而得到了很多人的青睐。照片墙有很多种叫法，比如相框墙、相片墙，或者背景墙之类。其材质多种多样，有实木、塑料、PS 发泡、金属、人造板、有机玻璃等。目前的流行照片墙的材料主要有实木、PS 发泡这两种材料。照片墙不仅形式各样，同时还可以演变为手绘照片墙，为家居带来更多的视觉变化。

照片墙的画框形式虽然多样，却不显杂乱，并为居室增加了视觉变化效果。

TIPS：避免照片墙杂乱的方法

　　相框的颜色不一致是杂乱的主要原因，将所有相框统一粉刷成白色或者其他中性色调，这样尽管形状不同，但整体色调是一致的。然后把照片扫描并黑白打印出来，只留一张彩色照片作为闪亮焦点。把相片陈列在墙面的相片壁架上，靠墙而立，并且随时更换新的照片作品。分层次展示的时候可以在每层选择一个彩色相片作为主角，用其他的黑白照片来陪衬。

照片墙的安装方法

1	首先相片或图片装入空白相框里面，将带有图片或相片的相框准备好。
2	用工字钉将图纸模板固定在墙面上，位置固定好后，最好再用透明胶粘好以免移位。注意图纸一定要水平，不能倾斜，图纸要尽量展平压贴墙壁，不要起皱拱鼓。
3	将塑料挂钩按照模板上面的圆圈钉在墙上，锤打挂钩时不要让图纸松落、移位。
4	将所有挂钩固定后，小心地撕破图纸，尽量不要损坏（没有图纸则不知道什么位置该挂什么规格的相框，是横挂还是竖挂）。
5	把所有相框挂好后，看一下什么图片和相片放什么位置，随着自己的个性和品位，做适当的调整。
6	确定好图片和相框的位置后，用水平仪检查一下每个相框的摆放位置是否与地面水平，有不水平的可适当做调整。

布艺织物设计

家居中流动的风景

 设计要点

①布艺是家中流动的风景，能够柔化室内空间生硬的线条，赋予居室新的感觉和色彩。同时还能够降低室内的噪声，减少回声，使人感到安静、舒心。

②在色彩和图案上，布艺织物要根据家具的色彩、风格来选择，使整体居室和谐完美。

③在质地上，要选择与其使用功能相一致的材质。例如，卧室宜选用柔和的纯棉织物，厨房则可选用易清洁的面料。

家居各空间中的布艺织物

1	客厅：通常包括窗帘、沙发套、抱枕、地毯、空调套、电视套、挂毯等。
2	餐厅：通常包括桌布、餐垫布艺、杯垫、餐椅套、餐椅坐垫、桌椅脚套、布艺窗帘、餐巾纸盒套等。
3	卧室：通常包括窗帘、床品、帷幔、地毯等。
4	厨房：通常包括微波炉套、饭煲套、冰箱套、厨用窗帘、茶巾等。
5	卫浴：通常包括卫生（马桶）坐垫、卫生（马桶）盖套、卫生（马桶）地垫、卫生卷纸套、地巾等。

家中布艺饰品搭配应有层次感

室内纺织品因各自的功能特点，在客观上存在着主次的关系。通常占主导地位的是窗帘、床罩、沙发布，第二层是地毯、墙布，第三层是桌布、靠垫、壁挂等。第一层次的纺织品类是最重要的，它们决定了室内纺织品配套总的装饰格调；第二和第三层次的纺织品从属于第一层，在室内环境中起呼应、点缀和衬托的作用。正确处理好它们之间的关系，是使室内软装饰主次分明，宾主呼应的重要手段。

布艺饰品的三个基调

1	主调：主要由布艺家具决定，如沙发套、床品、床帷帐等。它们在居室空间中占较大面积，是居室的主要组成部分，往往是居室中的视觉焦点，很大程度上决定了居室的风格。此类布艺可采用彩度较高、中明度、较有分量且活跃的颜色。
2	基调：通常是由窗帘、地毯构成，使室内形成一个统一整体，陪衬居室家具等陈设。布艺装饰必须遵循协调的原则，饰物的色泽、质地和形状与居室整体风格应相互照应。因此，以高明度、低彩度或中性色为主。但地毯在明度上可低一些，色彩可深些。
3	强调：体积较小的布艺装饰物可以起到强调作用，如坐垫、靠垫、挂毯等，以对比色或更突出的同色调来加以表现，起到画龙点睛的作用。

Chapter

8

配
饰
设
计

183

用布艺饰品化解缺陷空间格局的方法

分类	特点
层高有限的空间	可以用色彩强烈的竖条纹的椅套、壁挂、地毯来装饰家具、墙面或地面，搭配素色的墙面，能形成鲜明的对比，可使空间显得更为高挑，增加整体空间的舒适程度。
采光不理想的空间	布质组织较为稀松的、布纹具有几何图形的小图案印花布，会给人视野宽敞的感觉。尽量统一墙饰上的图案，能使空间在整体感上，达到贯通感，从而让空间"亮"起来。
狭长空间	在狭长空间的两端使用醒目的图案，能吸引人的视线，让空间给人更为宜人的视觉感受。例如，在狭长的一端使用装饰性强的窗帘或壁挂，或是狭长一端的地板上铺设柔软的地毯等。
狭窄空间	可以选择图案丰富的靠垫，来达到增宽室内视觉效果的作用。
局促空间	可以选用毛质粗糙或是布纹较柔软、蓬松的材料，以及具吸光质地的材料来装饰地板、墙壁，而窗户则大量选用有对比效果的窗帘。

窗帘在居室装饰中应起到实用性及装饰性

窗帘可以保护隐私，调节光线和室内保温；厚重、绒类布料的窗帘还可以吸收噪声，在一定程度上起到遮尘防噪的效果。窗帘更是家居装饰不可或缺的要素，或温馨、或浪漫，或朴实、或雍容，只要选择一款适合自家的窗帘，既布置好一道属于自己的窗边风景，又能为家增添一分别样风情。

玫红色的窗帘极具风情，令卧室呈现出妩媚的容颜。

窗帘的组成部分	
1	帘体: 包括窗幔、窗身和窗纱，窗幔是装饰帘不可缺少的部分，有平铺、打折、水波、综合等样式。
2	辅料: 由窗樱、帐圈、饰带、花边、窗襟衬布等组成。
3	配件: 有侧钩、绑带、窗钩、窗带、配重物等。

窗帘通常由布帘、遮光帘和纱帘组成

窗帘的面料很广，很多面料都可以作为窗帘布，在选择面料时注重两个方面：一是厚实感、二是垂感性好。传统的窗帘通常是由三层面料组成，一层是起装饰作用的布帘，中间一层是遮光帘，再一层是纱帘。

窗帘的面料种类

	概述
传统面料	窗帘布的面料基本以涤纶化纤织物和混纺织物为主，因此垂感好、厚实。
遮光面料	新型开发的遮光面料不仅克服了传统遮光面料的缺点，又提高了产品的档次，它既能与其他布帘配套作为遮光帘，又单独集遮光和装饰为一体，并且可以做成各种不同风格的遮光布。
纱帘	窗纱的种类很多，大体归纳起来有平纹、条格、印花、绣花、压花、植绒、烂花、起皱等，其中做纱的原料有麻、涤纶丝、锦纶丝、玻璃丝等。

不同空间窗帘花色的选择

	概述
房间较大的窗帘花色选择	选择较大花型，给人强烈的视觉冲击力，但会使空间感觉有所缩小。
房间较小的窗帘花色选择	应选择较小花型，令人感到温馨、恬静，且会使空间感觉有所扩大。
新婚房的窗帘花色选择	窗帘色彩宜鲜艳、浓烈，以增加热闹、欢乐气氛。
老年人的窗帘花色选择	宜用素静、平和色调，以呈现安静、和睦的氛围。

Tips：窗帘色彩变化的原则

　　窗帘色彩的选择可根据季节变换，夏天色宜淡，冬天色宜深，以便改变人们心理上的"热"与"冷"的感觉。此外，在同一房间内，最好选用同一色彩和花纹的窗帘，以保持整体美，也可防止产生杂乱之感。

床上用品应兼备美观性和舒适度

　　床上用品是卧室中非常重要的软装元素，能够体现居住者的身份、爱好和品位。根据季节更换不同颜色和花纹的床上用品，可以很快地改变居室的整体氛围。床上用品除满足美观的要求外，更注重其舒适度。舒适度主要取决于采用的面料，好的面料应该兼具高撕裂强度、耐磨性、吸湿性和良好的手感，另外，缩水率应该控制在1%之内。

色泽鲜艳的床品与整个居室环境相吻合，提升了居室的柔美气息。

一看就懂的装修设计书

床单、被套可根据季节选择颜色

1	春天可用比较花俏一点的颜色，将这个季节万物复苏的感觉体现在卧室中，让心情变得清新起来。
2	夏天建议用淡雅的色彩，可以令居室产生轻快、凉爽的心理感受。
3	秋天可以用优雅一点的，选择麦穗的黄或者枫叶的红，令居室也感受一下秋天的气息。
4	冬天最好用暖色调，可以令人觉得温暖。

床单、被套可根据人群选择颜色

1	女儿房可以选择粉色。
2	男孩房适合蓝绿色。
3	年轻夫妻的选择较多，比如米色、卡其色、粉色、绿色、蓝色都是不错的选择。
4	老年房则可以选择稳重大方的颜色。

靠枕能够活跃和调节卧室的气氛

靠枕是卧室中必不可少的软装饰，使用方便、灵活，可随时更换图案，用途广泛，可用在床上、沙发、地毯或者直接用来作为坐垫使用。另外，靠枕能够活跃和调节卧室的气氛，装饰效果突出，通过色彩、质地、面料与周围环境的对比，使室内的艺术效果更加丰富。

Tips：靠枕的分类方式

靠枕的形状很多，不但有方形、圆形、椭圆形等，还有动物、水果或者人物形状的靠枕，趣味性十足。根据床上用品的图案进行设计会具有整体感，单独设计则可以起到活跃气氛的作用。

地毯既舒适又兼具美观效果

地毯，是以棉、麻、毛、丝、草等天然纤维或化学合成纤维为原料，经手工或机械工艺进行编结、栽绒或纺织而成的地面铺敷物，也是世界范围内具有悠久历史传统的工艺美术品之一。

地毯在中国已有两千多年的历史。最初，地毯用来铺地御寒，随着工艺的发展，成为了高级装饰品，它能够隔热、防潮，具有较高的舒适感，同时兼具美观的观赏效果。

不宜铺地毯的房间

1	由于地毯的防潮性较差，清洁较难，所以卫浴、厨房、餐厅不宜铺地毯。
2	地毯容易积聚尘埃，并由此产生静电，容易对电脑造成损坏，因此书房也不太适宜铺设。
3	潮湿的卧室铺地毯，极易受潮发霉，滋生螨虫，不利于人体健康。
4	幼儿、哮喘患者及过敏性体质者的房间及家庭也不宜铺地毯。

地毯的常见种类

分类	特点
羊毛地毯	采用羊毛为主要原料。毛质细密，具有天然的弹性，受压后能很快恢复原状；采用天然纤维，不带静电，不易吸尘土，还具有天然的阻燃性。纯毛地毯图案精美，不易老化褪色，吸音、保暖、脚感舒适。
混纺地毯	混纺地毯中掺有合成纤维，价格较低，使用性能有所提高。花色、质感和手感上与羊毛地毯差别不大，但克服了羊毛地毯不耐虫蛀的缺点，同时具有更高的耐磨性，有吸音、保湿、弹性好、脚感好等特点。
化纤地毯	也叫合成纤维地毯，如丙纶化纤地毯、尼龙地毯等。它是用簇绒法或机织法将合成纤维制成面层，再与麻布底层缝合而成。化纤地毯耐磨性好并且富有弹性，价格较低。
塑料地毯	采用聚氯乙烯树脂、增塑剂等混炼、塑制而成。质地柔软，色彩鲜艳，舒适耐用，不易燃烧且可自熄，不怕湿，所以也可用于浴室起防滑作用。
草织地毯	主要由草、麻、玉米皮等材料加工漂白后纺织而成。乡土气息浓厚，适合夏季铺设。但易脏、不易保养，经常下雨的潮湿地区不宜使用。
橡胶地毯	以天然橡胶为原料，经蒸汽加热、模压而成。其绒毛长度一般为 5～6mm，除了具有其他地毯特点外，还具有防霉、防滑、防虫蛀，而且有隔潮、绝缘、耐腐蚀及清扫方便等优点。
剑麻地毯	以剑麻纤维为原料，经纺纱、编织、涂胶、硫化等工序制成。产品分素色和染色两种，有斜纹、鱼骨纹、帆布平纹、多米诺纹等多种花色。幅宽 4m 以下，卷长 50m 以下，可按需要裁割。

绿植花卉设计

为居室带来清新空气

 设计要点

①可以利用绿植来分隔空间，如在两厅室之间、厅室与走道之间，以及在某些大的厅室内需要分隔成小空间的地方放置适合的绿植；此外在某些空间或场地的交界线，如室内外之间、室内地坪高差交界处等，都可用绿化进行分隔。

②可以利用绿植花卉突出空间的重点作用，如在大门入口处、楼梯进出口处、交通中心或转折处、走道尽端等交通的要害和关节点，放置特别醒目的、富有装饰效果的花卉绿植，可以起到强化空间、重点突出的作用。

③室内摆放花卉植物一定要有利健康，要求植物能吸收有毒化学物质、能驱蚊、能杀病菌。一些绿植散发的气味会给人造成不适，或有一些花草一碰触、抚摸，则使人容易引起皮肤过敏，这类植物不宜摆放在室内。

插花的分类

分类		特点
东方插花	中式插花	中国插花在风格上，强调自然的抒情，优美朴实的表现，淡雅明秀的色彩，简洁的造型。在中国花艺设计中把最长的那枝称作"使枝"。以"使枝"的参照，基本的花型可分为：直立型、倾斜型、平出型、平铺型和倒挂型。
	日式插花	日本的花艺依照不同的插花理念发展出相当多的插花流派，如松圆流、日新流、小原流、嵯峨流等，这些流派各自拥有一片天地，并有着与西洋花艺完全不同的插花风格。
西方插花		西方插花也称欧式插花，分为两大流派：形式插花和非形式插花，形式插花即为传统插花，有格有局，强调花卉之排列和线条；非形式插花即为自由插花，崇尚自然，不讲形式，配合现代设计，强调色彩，适合于日常家居摆设。

装饰花艺为居室带来自然气息

装饰花艺是指将剪切下来的植物的枝、叶、花、果作为素材，经过一定的技术（修剪、整枝、弯曲等）和艺术（构思、造型、配色等）加工，重新配置成一件精致完美、富有诗情画意，能再现大自然美和生活美的花卉艺术品。用于家居装饰中，可以为居室带来大自然的清新感觉。

搭配精美的花艺饰品，为居室带来新鲜的自然气息。

干花可以为居室带来田园气息

干花的品种有很多，草型、叶型、果型，应有尽有，大可以根据自己的喜好进行选择。主花一般是大花或果实，衬托花一般是枝叶、草或小碎花。小麦、稻谷、高粱等粮食果穗，经过脱水染色处理风采卓然，最富有田园气息，在最大限度上满足了都市居民家庭审美的需求，装饰居室别具神韵。

用松果制作的干花创意十足，为居室增添了艺术感。

TIPS：干花用于家居装饰的方式

除了插在花瓶里，还可以把干花花瓣随意地摆放在大小各异的碟子上，带来满室花香。同时还可以做成花环、花棒、花饰等。可以毫不夸张地讲，鲜花所能达到的艺术造型，干花都可以代替完成，甚至创造出更为奇特的效果。

插花的分类

分类	内容
朝南居室适合的花草	如果居室南窗每天能接受5小时以上的光照，那么下列花卉能生长良好、开花繁茂：君子兰、百子莲、金莲花、栀子花、茶花、牵牛、天竺葵、杜鹃花、鹤望兰、茉莉、米兰、月季、郁金香、水仙、风信子、小苍兰、冬珊瑚等。
朝东、朝西居室适合的花草	仙客来、文竹、天门冬、秋海棠、吊兰、花叶芋、金边六雪、蟹爪兰、仙人棒类等。
朝北居室适合的花草	棕竹、常春藤、龟背竹、豆瓣绿、广东万年青、蕨类等。

植物与空间的色彩搭配法则

　　植物的色调质感也应注意和室内色调搭配。如果环境色调浓重，则植物色调应浅淡些。如南方常见的万年青，叶面绿白相间，在浓重的背景下显得非常柔和。如果环境色调淡雅，植物的选择性相对就广泛一些，叶色深绿、叶形硕大和小巧玲珑、色调柔和的都可兼用。

居室色彩较深，采用小株且颜色清浅的植物做搭配，调节居室色彩的浓度。

解疑　一个家里，植物占多大的比例适合？

　　一般来说居室内绿化面积最多不得超过居室面积的 10%，这样室内才有一种扩大感，否则会使人觉得压抑。一般来讲，植物的高度不宜超过 2.3m。

室内空间选择植物要有主有次

　　选择植物种类，要根据房间大小、采光条件及个人爱好而定，有主有次。如果室内阳光并不充足，就要充分考虑室内较弱的自然光照条件，多选择具有喜阴、耐阴习性的植物。

Tips：家居中摆放植物的原则

　　室内摆放植物不要太多、太乱，不留空间。在选择花卉造型时，还要考虑家具的造型，如在长沙发后侧，摆放一盆高而直的绿色植物，就可以打破沙发的僵直感，产生一种高低变化的节奏感。

家居配饰的设计原则　室内成功配饰的关键

 设计要点

①装饰是为了满足人们的精神享受和审美要求，在现有的物质条件下，要有一定的装饰性，达到适当地装饰效果，装饰效果应以朴素、大方、舒适、美观为宜，不必追求辉煌与豪华。

②室内布置的总体效果与所陈设器物和布置手法密切相关，也与器物的造型、特点、尺寸和色彩有关。

③在现有居室的条件下，先在大方面满足居室的整体效果，之后在总体之中点缀一些小装饰品，以增强艺术效果。

一看就懂的装修设计书

家居配饰要遵循合理性与适用性原则

室内陈设布置的根本目的是为了满足全家人口的生活需要。这种生活需要体现在居住和休息，做饭与用餐、

书房的配饰不多，为空间营造出素雅的氛围，为书房注入更多实用功能。

存放衣物与摆设、业余学习、读书写字、会客交往及家庭娱乐诸多方面，而首要的是满足居住与休息的功能要求，创造出一个实用、舒适的室内环境。因此，室内配饰布置，应求得合理性与适用性。

家居配饰要遵循布局完整统一，基调协调一致的原则

在室内配饰布置中，根据功能要求，整体布局必须完整统一，这是设计的总目标。这种布局体现出协调一致的基调，融汇了居室的客观条件和个人的主观因素（性格、爱好、志趣、职业、习性等），围绕这一原则，会自然而合理化地对室内装饰、器物陈设、色调搭配、装饰手法等作出选择。尽管室内布置因人而异，千变万化，但每个居室的布局基调必须相一致。

无论是墙上的装饰画，还是陶艺装饰品等，都体现出中式风格，与居室整体基调相吻合。

家居配饰要遵循色调协调统一的原则

明显反映室内配饰基调的是色调。对室内陈设的一切器物的色彩都要在协调统一的原则下进行选择。色调的统一是主要的，对比变化是次要的。色彩美是在统一中求变化，又在变化中求统一的和谐。

客厅中选用的配饰基本都遵循红色色调，十分和谐。

家居配饰要遵循疏密有致的原则

家具是家庭的主要器物，它所占的空间与人的活动空间要配置得合理、恰当，使所有配饰的陈设，在平面布局上格局均衡、疏密相间，在立面布置上要有对比，有照应，切忌堆积，不分层次、空间。

客厅的一整面墙上摆放了大量地装饰品，却多而不乱，这得益于居住者疏密有致地摆放设计。

家居配饰的设计方式　轻装修、重装饰是重点

设计要点

①家居设计讲求"轻装修、重装饰"，但选择配饰时，要一切从艺术效果出发，以少胜多，切忌到处充塞反而影响环境。

②家居配饰不要一成不变，可以根据四季变化小面积的更换配饰，轻松令家居环境焕然一新。

③不同性格的居住者对于家居配饰的喜好也有所不同，可以根据自身特点来选择配饰，令居住感更加舒适。

194

一看就懂的装修设计书

家居配饰讲求轻装修、重装饰

"轻装修、重装饰"将逐步形成潮流，因为装修的手段毕竟有限，无法满足个性家居的设计要求，而风格各异、款式多样的家具和家居装饰品，却可以衍化出无数种家居风格。所以，许多人在装修时只要求高质量的"四白落地"，同时利用装饰手段来塑造家居的性格。

白色系的餐厅没有繁复的装修，大面积的照片墙成为室内的焦点。

根据四季变化
更换家居配饰

　　室内配饰要尽可能的体现出四季情调。春天的家居配饰可用亮调的浅色系，如窗帘可选用透明度较高的材质，一方面可让阳光照射进来，令室内显得春光明媚；另一方面可透过窗帘观赏风景，使人心情舒畅。夏天最好选用绿

带有花朵图案的浅色系窗帘，与居室中的绿色相搭配，令居室显现出春天般的生机。

色、蓝色等冷色调，令人一进屋就感觉凉爽；窗帘最好是双层，里层厚、外层薄，既能调节光线，又能调节温度，两层都拉上时可降温，到夜晚可拉开厚的一层，换换空气。秋天与冬季，都可选择温暖的色彩，如橙色、橘红系列等。总之，四季配饰应使用不同的色彩，也可春秋合用或者秋冬合同一套。

卧室中的布艺织物大多色彩浓郁，花型大气，体现出豪华的气派。

根据居住者的
性格选择家居
布艺织物

　　室内配饰体现了居住者的性格特点：若为外向型，活泼开朗者，在配饰色彩的选择上可用欢快的橙色系列，花型上可选用潇洒的印花；质地上若喜欢豪华气派，

可选用棉、化纤。若为内向型，可选用细花、鹅黄或浅粉色系列，花型上可选用高雅织花，或是工艺极好的绣花；在质地上，最好选择柔和一点的丝织、棉、化纤等。若是追求个性风格的业主，可选用自然随意的染花，或是富有创意的画花，梦幻型色彩，花型大花、小花皆可，但要注意的是，色彩必须协调统一，花而不乱，动中有静。

家居配饰与家居风格的搭配设计

可轻松体现出室内风格特点

 设计要点

①不同的家居风格其家居配饰的选择也有所不同，只有选对配饰，才能将风格特点得到更进一步地体现。

②不同的家居风格其配饰的选择应该在色彩、材质、图案花型上有所区分；例如，复古风格的居室配饰一般色调较深，材质上减少玻璃的使用，而增加木材的使用，体现出厚重之感。

③展现家居风格，同样不是用大量的装饰品进行堆砌，而是选择具有代表性的装饰品来装点，如中式风格的家居中，书法字画、青花瓷器，都是令其风格升温的绝佳装饰品。

现代家居风格的家居配饰宜体现空间格调

在现代风格的居室中，选择若干符合其品位和特性的装饰品来提升空间的格调，无疑是一种省时省力的讨巧方式。比如，可以选择一些石膏作品作为艺术品陈列在客厅中；也可以将充满现代情趣的小件木雕作品根据喜好任意摆放。此外符合其空间风格的壁画是软家装中必不可少的部

现代风格的家居中，茶几上的玻璃花瓶与白色陶艺搭配得极具格调，沙发上的花色抱枕也体现出自由、雅致的特征。

分，其摆设需要有一定的艺术品位。当然也可根据业主的喜好自由搭配，如今家装中很流行的照片墙，就是一个很好的例证，有种享受生活和生命的格调在里面。当然现代风格居室中的装饰品也可以选择另类的物件，如民族风格浓郁的挂毯和羽毛饰物等。现代风格的居室，因为其开放性的特性，只要是符合居住者心意的物品，且能在某种程度上体现出现代风格，几乎均可作为装饰品放置在合理的位置，生动地点缀着居家生活。

简约家居风格的家居配饰应到位

简约风格家居中的配饰小而精，既增添了居室格调，又不显杂乱。

由于简约家居风格的线条简单、装饰元素少，因此配饰到位是简约风格家具装饰的关键。简约家居风格中的室内家具、陈列品及灯具的选择都要从整体设计出发。家具的选择要符合人的生活习惯及肌体特性，灯光则要注意不同居室的灯光效果要有机地结合起来，陈列品的设置尽量突出个性和美感。配饰选择尽量简约，没有必要显得"阔绰"而放置一些较大体积的物品，尽量以实用方便为主。

简欧风格的家居配饰应简单、抽象、明快

简单、抽象、明快是简欧风格配饰的明显特点。多采用现代感很强的组合家具，颜色选用白色或流行色，室内色彩不多，一般不超过三种颜色，且色彩以块状为主。窗帘、地毯和床罩的选择比较素雅，纹样多采用二方连续或四方连续且简单抽象，拒绝巴洛克式的繁复。其他的室内饰品要求造型简洁，色彩统一。

简欧风格餐厅中的色彩淡雅、装饰精致，体现出业主高雅的品位。

欧式古典风格居室中的装饰品复古而大气，充分展现出空间的奢华气息。

欧式古典风格的家居配饰应体现华丽、高雅的特点

欧式古典风格的配饰特点是华丽、高雅，给人一种金碧辉煌的感受。家具中的桌腿、椅背等处常采用轻柔、幽雅并带有古典风格的花式纹路、豪华的花卉古典图案，以及著名的波斯纹样；此外，多重皱的罗马窗帘，格调高雅的烛台、油画、挂画及艺术造型水晶灯等装饰物都能完美呈现其风格特点。

中式风格的家居配饰应体现庄重、优雅的双重品质

中式风格的家居配饰具有庄重、优雅的双重品质。墙面的配饰有手工织物（如刺绣的窗帘等）、中国山水挂画、书法作品、对联和窗檐等。靠垫用绸、缎、丝、麻等做材料，表面用刺绣或印花图案做装饰；红、黑或宝蓝的色彩，既热烈又含蓄，是其常用色彩；图案上以"福""禄""寿""喜"等字样，或是龙凤呈祥之类的中国吉祥图案为主。

中式风格居室中的装饰品极具吉祥、喜庆的特质，体现业主对生活美好的期许。

Tips：中式风格的家居配饰选择方式

中国传统古典风格是一种强调木制装饰的风格。当然仅木制装饰还远远不够，必须用其他的、有中国特色的配饰来丰富和完善。比如，可以利用唐三彩、青花瓷器、中国结等来强化风格和美化室内环境。

一看就懂的装修设计书

田园风格的厨房中温馨的黄色系奠定了空间基调，盘子装饰物与居室的田园气息相吻合。

田园风格的家居配饰应体现出自然美感

田园风格的家居配饰应具自然山野风味。比如，使用一些白榆制成的保持其自然本色的橱柜和餐桌、藤柳编织成的沙发椅、草编的地毯，以及蓝印花布的窗帘和窗罩等，都可以将其特点很好的展现。

另外，还可以在白墙上挂几个风筝、挂盘、挂瓶、红辣椒、玉米棒等具有乡土气息的装饰物，更是将自然风情体现得淋漓尽致。最后可用有节木材、方格、直条和花草图案，以及朴素、自然的干花等装饰物去装饰细节，营造一种朴素、原始之感。

配饰与空间 关系设计

不同空间其配饰选择也不同

 设计要点

①配饰的选用与家居空间存在着很大的关联。如客厅作为会客的主空间，配饰的选择应以装饰为主，且应具备一定的格调；而像卫浴、厨房的配饰，除了装饰功能外，最好也应体现出实用功能，如卫浴中可采用同系列的洗漱装饰瓶来展现业主在配饰细节上的用心。

②另外家居空间的大小和功能，也决定了配饰的选择。如大型装饰品和植物，就不适合小空间，以及卧室这样的休憩空间；而将其摆放在大空间的客厅、玄关等处，则能提升居室的大气之感。

客厅配饰应实用性与装饰功能兼顾

可以在客厅多放一些收纳盒，使客厅具有强大的收藏功能，不会看到杂乱的东西摆在较为显眼的地方，如果收纳盒的外表不够统一，不够美观，可以选择漂亮的包装纸贴在收纳盒的表面，这样就实现了实用性与美观并存。尽量避免大的装饰物，如酒柜，以免分割空间，使空间显得更加狭小。

客厅常用配饰

分类		特点
装饰画		可以使用挂件或字画，张贴字画时一定要注意大小比例、颜色搭配，如果大小不合适会适得其反。
布艺织物		包括窗帘、沙发蒙面、靠垫以及地毯、挂毯等，应稳重大方、风格统一。能围绕一个主题进行布置，则更理想。
工艺品		配置工艺品要遵循以下原则：少而精，符合构图章法，注意视觉效果。并与起居空间总体格调相统一，突出起居空间的主题意境。

餐厅装饰应从建筑内部把握空间

在对餐厅进行装饰时，应当从建筑内部把握空间。一般来讲，就餐环境的气氛要比睡眠、学习等环境轻松活泼一些，装饰时最好注意营造一种温馨祥和的气氛，以满足居住者的一种聚合心理。因此餐厅装饰不仅要依据餐厅整体设计这一基本原则外，还要注意突出自己的风格，气氛既要美观，又要实用。例如，可以在餐厅的墙壁上挂一些如字画、瓷盘、壁挂等装饰品，也可以根据餐厅的具体情况灵活安排，用以点缀、美化环境。

独具特色的盘子令餐厅背景墙散发出别样的风情。

厨房配饰宜采用同色系

厨房墙面的处理可以采用艺术画或装饰性的盘子、碟子，这种处理可以增添厨房里的宜人氛围。如果厨房空间较小，作配饰设计时可以选择同样色系的饰品进行搭配。如白色系的厨房，可以选购白色系的配饰，然后再局部点缀一些深色系的饰品，会让空间更有层次感。

白色系的厨房中采用大量浅色调配饰，与空间整洁的氛围相符。

塑料装饰品在卫浴中最受欢迎

塑料是卫浴间里最受欢迎的材料，色彩艳丽且不容易受到潮湿空气的影响，清洁方便。使用同一色系的塑料器皿包括纸巾盒、肥皂盒、废物盒，还有一个装杂物的小托盘，会让空间更有整体感。此外，陶瓷、玻璃等工艺品也十分适合装饰潮湿的卫浴间。

可爱的塑料材质的青蛙肥皂盒和沐浴球，为卫浴间带来了童趣。

玄关装饰集实用和美化空间为一体

玄关不仅要考虑功能性，装饰性也不能忽视。一幅装饰画，一张充满异域风情的挂毯，或者只需一个与玄关相配的陶雕花瓶和几枝干花，就能为玄关烘托出非同一般的氛围。另外，还可以在墙上挂一面镜子，或不加任何修饰的方形镜面，或镶嵌有木格栅的装饰镜，不仅可以让居住者在出门前整理装束，还可以扩大视觉空间。

常见的花卉静物装饰画装饰了白色的墙面，造型优美的装饰柜既美化了空间表情，又极具收纳功能。

过道配饰展示可多利用墙面空间

在过道的一侧墙面上，可做一排高度适宜的玻璃门吊柜，内部设多层架板，用于摆设工艺品等物件；也可将走廊墙做成壁龛，架上摆设玻璃皿、小雕塑、小盆栽等，以增加居室的文化与生活氛围。另外，在过道的空余墙面挂几幅尺度适宜的装饰画，也可以起到装饰美化的作用。

过道的尽头用装饰画装饰墙面，并以装饰绿植来丰富空间表情。

收纳一直是家居中不可忽视的问题，

无论是空间有限的小户型，

还是面积充足的大户型，

如果收纳不合理，

整个家居环境就会给人杂乱的感觉，

令居住者和到访者的心情无不感到压抑，

因此合理地对家居中物品进行收纳，

在家居设计中就显得尤为重要。

Chapter ❾
家居收纳

家居收纳的
基础常识

家居收纳与空
间的关系设计

利用不同空间
进行家居收纳

设计要点

①家居收纳首先要学会取舍，将家居中需要与不需要的物品进行分类，勇于舍弃无用的物品，减少家居中物品的存放量。

②家居物品收纳可采用衣食住三个方面加以区分，之后再按照使用频率来进行合理摆放。

③家居收纳应经常进行，利用每天的零碎时间，发动全员来收拾自己的物品，才能令居室永葆整洁。

家居收纳要具备发展眼光

装修的时候一定要有发展的眼光，最好能好好考虑一下未来 5 年内的生活变化——结婚生子或是父母过来一起住，不同的生活状态对空间的要求也应该有所不同。在装修时，应该预留出一部分空间来对应生活的变化，而且在购买家具时不妨选择带有储藏功能的家具。

提升家居收纳的技巧	
1	每天抽出 5 分钟，或从某个抽屉开始逐步整理。
2	将地板收拾干净就能改变空间给人的感觉。
3	物品使用完立即放回原位。
4	让家庭成员各自收拾自己的物品。
5	边做事边收拾。

家居收纳的基本原则为区分需要及不需要的物品

将物品区分为需要与不需要，这是收纳最基本的原则。能完成这个步骤，收纳工作就等于完成了 3/4。因为一般人家中的物品，需要的东西大概占 1/2，不需要的东西约占 1/4。当排除不需要的部分，就已经完成 1/4 的工作，再加上需要的东西通常会放在方便使用的地方，因此剩下来的只有难以取舍的东西，将这类东西留到有空时再整理，整个工作就算大功告成。

家居收纳采用适材适所的方法

收纳就是不断重复将东西分类的工作。只要能将东西先分类再收放，使用起来就会很方便。

若你不知该如何分类时，就先试着依照衣食住三个方面来掌握物品与收纳场所。家庭里的衣食住就是卧室、餐厅、客厅，依照这一原则就能为物品归类，找出适合的位置。把握衣食住这三个关键，家居的收纳就会变得非常的容易。

家居收纳要学会取舍，才能保证居室的整洁性。

餐厅中摆放一个造型简洁的餐边柜，既可以摆放工艺品，又可以将日常所用的餐具收放在其中。

常见的家居收纳方式

分类	特点
集中收纳	收纳长期使用的东西，需要大面积的收纳空间，要注意通风、防潮。
分散收纳	收纳使用频率高的物品，要便于拿取。
展示式收纳	所收纳物品有展示功能，要注意防尘。
隐藏式收纳	收纳家居中不想让客人看见的凌乱杂物，要注意通风、防潮。

依照物品使用频率来完善家居收纳

在以衣食住分类后，再以使用频率决定放置的位置。若能将固定位置设在方便使用的地方，取放时就会更加方便。所谓方便实用的位置，就是从视线高度到腰部的这一段范围，以将使用频率低的物品放到较远的地方为原则，找出物品的收纳之处。

使用频率较高的杯盏放置在餐边柜的搁架上，既方便拿取，又具有装饰作用。

家居中不同类别物品的收纳方式

分类	特点
常用类物品	常用类物品放在最方便拿到的地方，把明天要穿的外套挂在门边的衣帽架上，把手包、鞋和雨伞都在玄关相应位置放好；厨房的垃圾箱放在水槽边；沙发边留一个收纳袋，收纳遥控器、随时翻看的报刊。对于那些常用的小物件，如果外形美观的可以直接放在台面上，其他的放在上层的抽屉里。
应急类物品	应急类的物品藏在最容易找到的地方，一些修理工具、药品，虽然平时不会用到，但是到用的时候一般都是在很急切的情况下。这类物品应该放在比较容易拿到的地方，但不能占用常用物品的收纳空间，可以考虑放在最下面的收纳空间里。
换季类物品	换季类物品放进收纳空间的最里面，对于换季物品，或者至少一两个月内不会重复使用的东西，可以统一收纳起来，放在收纳空间的最里面。

利用不同空间进行家居收纳 充分将家居空间合理利用

 设计要点

①在家居中进行收纳，要充分利用家居中的空间，而不是仅仅靠买收纳家具来完成居室中的物品摆放。

②家居中的墙面是可以充分利用的空间，无论是将墙面与壁柜结合，还是在墙面上设计搁物架，都是充分利用空间进行收纳的好方法。

③家居角落与隐蔽处也是进行收纳的绝佳场所，如门后、床下、沙发下等，都是可以利用的零碎收纳空间。

借用家居空间进行收纳的三种方式

分类	特点
向上开发空间	多利用立体空间——墙面、顶面、柜子上方，这些都是很好的收纳空间，并且非常实用。不妨多做一些壁柜、吊柜、壁架等来增加立面空间的使用频率。
向下开发空间	床下、茶几下、窗台下这些空间容易积尘，不容易打扫，不妨把它们稍加利用，放上带滑轮的收纳盒，需要时拉出来，使用完毕后推回去，方便实用。
运用角落空间	家具与墙面、家具与家具之间会有一些角落，看似不好利用，但是这里确实是不错的收纳空间。不妨在这些角落空间里放上收纳盒、三角收纳架或是简单地钉上一排挂钩，这样这些空间就能藏不少杂物。

利用墙体来完成家居收纳

为收纳另设计收纳区往往造成浪费，其实可以利用空间中既有的梁柱、墙面的凹凸空隙：凸处的两旁加设柜架，即可消除凸处，至于凹处部分可以利用层板制成开放格架，或是嵌进吊柜，即能消除凹处，使空间利落整齐。

运用空间的高度与深度进行收纳

当使用壁橱或衣橱等较大空间来收纳东西时，活用高度与深度，就能增加收纳上的方便性。在高度方面，可以运用市面上现有的搁架，并且视物品的高度来调整搁架的位置。至于在深度方面，则可以使用抽屉式收纳，只要将整个抽屉拉出来，就能看清楚所有物品。

卧室的一面墙完全用衣柜来占据，既可以悬挂衣物，又有充足的抽屉收纳一些零碎的物件。其衣柜收纳量十足，且功能区分详细，打开后所需的物品一目了然，关上又完全没有杂乱的问题。

利用浴室的一角打造一个收纳柜，在将物品合理收纳的同时，也令卫浴空间显得宽敞，由此带来更方便、更清洁的生活。

利用墙角来完成家居收纳

墙角是容易忽略的空间，平时也不常接触到。不妨在墙角设计搁板、角架或角柜，既不影响室内的活动，还能收纳一些工艺品。值得注意的是，墙角的处理一定要与整体空间相协调，不宜过分突出，以免喧宾夺主。

利用窗台来完成家居收纳

窗台是最容易被遗忘的角落空间。如果是凸窗设计，可以在窗下做一个木作沙发座，平时可以坐在上面休息，掀开门板就可以看到下面的收纳空间。如果是平窗设计，也可以靠窗做一条休闲长椅，长椅本身也可以成为一个收纳柜。

利用餐厅背景墙"挖掘"出一个收纳柜，不仅充分地利用了家中的隐性空间，而且可以帮助完成锅碗盆盏等物品的收纳。

家居收纳与空间的关系设计

不同空间其收纳方式也不同

 设计要点

①家居空间中的收纳，最主要的方式为利用家具，如客厅中充分利用茶几和电视柜，厨房利用橱柜，卧室利用大衣柜等。

②在家居空间中进行收纳时，要掌握的原则是将在不同空间使用的物品收纳在相应的空间中，如将衣物收放在卧室，将书籍、资料收纳在书房，将餐具收纳在厨房等。

客厅中利用频率不高的物品的存放方式

对于那些利用频率不高的物品，一个放置在客厅的抽屉柜就可以完全解决问题；如果选择那种可拆卸的抽屉柜，在不用的时候还可以收起来，非常方便实用。值得注意的是，抽屉柜要与客厅整体风格相协调。另外，在客厅里不妨多准备一些收纳凳，它们不但能收纳客厅不常用的杂物，换季的衣物、包等也能统统收纳其中，应急的时候还能当茶几使用。

方正的茶几在造型上给人以整齐、利落的观感，且还具有强大的收纳功能，将平时品茶用的物品，或爱吃的零食收纳在其中，既不影响居室素雅的氛围，又方便拿取，为生活提供便利。

客厅收纳的方式

分类	特点
整面墙收纳	整面墙的大容量收纳柜是客厅首选，能把CD光盘、书籍、日常生活用品等统统收纳其中。设计时可以选择开放式、开放式和隐藏式结合、隐藏式这几种形式。需要注意的是，整面墙的柜子大多是根据墙面尺寸定制的，在房子装修初就要确定好位置和尺寸，进行轻体墙的施工。一定要将其固定在墙面上，以保证使用时的安全。
沙发背后墙面收纳	沙发背后的墙面是一个很大的收纳空间，规划这个空间时可以考虑开放式的家具，兼顾收纳和展示功能。如果想要简单点，设计一些隔板就好，然后在上面放些相片或小玩意，同样也能为客厅增色。
电视柜收纳	电视柜既可以用最传统的抽屉和门板将物品藏于无形，也可以采用现代式的搁架直接展示客厅的精彩。一个电视柜能收纳数十种物品，音响、电视、DVD、CD光盘、书籍和日常生活用品等都可以统统收纳进去，而且业主还能根据不同时期的需要做出相应的变化，可谓是集功能性与灵活性为一体。
边几收纳	高低不等的边几看似没有强大的收纳功能，但是却可以根据不同的使用要求，与其他家具搭配使用，即使来了很多客人，也能有放茶杯的地方。而三角形或圆形的边几最适合放在客厅的角落，可以收纳比茶几更多的杂物，同时还会让原本不起眼的角落变得丰富多彩。
茶几收纳	茶几的收纳方式多种多样，如两层的茶几，下部可收纳客厅的杂物，不仅外表美观，而且十分实用。如果茶几本身没有收纳空间，那就不要轻易放过茶几下面的空间。可以在茶几下放一个带盖子的收纳盒，把一些杂物收纳其中，这样茶几也会变得有"内涵"。

餐厅就餐区收纳应与餐柜配合

餐厅的收纳，当然离不开餐柜的配合。餐柜里也能放置餐厅和部分厨房用品，减缓厨房的收纳压力。餐厅的收纳柜也可使用上柜和下柜，这种柜子的收纳空间大，中间半高柜的台面还可以摆一些日用品，或是常用的电饭锅、咖啡机、饮水机等。

造型优美的餐边柜既装饰了空间，也拥有强大的收纳功能。

一看就懂的装修设计书

餐厅运用墙面柜进行收纳可以增强空间使用率

　　如果家居空间不是很大，选择餐边柜会占较多的空间，不妨选择一个足够吸引人的墙面柜。这些造型各异的墙面柜好像一件艺术品，既拥有实用性，又带来视觉震撼力。无论是古典还是现代风格的居室，都能因其展现出很好的居室魅力。

餐厅背景墙上的搁物架非常具有实用性，既可以摆放装饰画，又可以摆放工艺品。

	卧室可利用睡床周围的空间进行有效收纳
1	床下：为了解决卧室的收纳问题，一些床具的设计可以将不常用的床品、衣物等放置于床箱中；即使没有选择带储物功能的床也没有关系，一些高度适宜的储物篮筐能很好地隐藏于床下，而且取用方便。
2	床尾：如果卧室面积够大，可充分利用床尾空间，床尾箱不仅可以摆放一些当季要更换的床品，而且一些毛毯、饮品器具、家居服等也能暂时放置一下。
3	床铺四周：床铺边分别有化妆台、五斗柜及抽屉式矮柜，且都为尺度低的柜体，非常适合躺下睡觉时的视野水平，不至于造成精神紧张与压迫感。

一看就懂的装修设计书

利用卧室的一面墙设计成大面积的壁柜，带来强大的收纳功能。

利用壁橱对卧室用品进行有效收纳

为节省空间及整体美观考虑，一般卧室内的衣柜大多做成壁橱，内含放置衣物所需的吊杆、层板等。像这类沿墙设置的衣柜必须预留门片，因此橱柜深度至少需要60cm，而满足了宽裕的收纳长度后，还须顾及整体室内装潢，决定门片开关的方式以及门片的材质与造型。

利用斗柜对卧室用品进行有效收纳

可根据需要摆放的物品种类或者家庭成员来选择三斗柜、四斗柜或五斗柜等。多抽屉的设计优势在于能够帮助分类收纳，其尺寸选择也很丰富，适合根据不同的空间大小进行挑选。

卧室床头利用四斗柜进行收纳，可以对收纳物品进行合理分类。

利用衣柜对卧室用品进行有效收纳

衣物最好一年整理两次，结合季节来整理。当季的衣物分好类：内衣、上衣、衬衫、裤、裙、外套、袜子、围巾等。然后再按衣物的吊挂或折叠方式加以区分。折叠收纳的衣物一般占衣柜的空间比例相当大，找起来很费劲，最简单的办法就是将正面部分朝上，方便分辨。尽量将每件衣物都折叠成同样的大小，这样衣柜看起来就不会参差不齐。平时少穿的外套或者大衣、皮衣，最好以有肩型支撑架吊挂。挂起来的衣物最好以统一方向挂好，显得比较整齐。

在卧室的一侧放置一个衣柜，方便日常衣物的拿取，十分便捷。

利用书柜对书房用品进行有效收纳

书柜都是由层板组合而成，标准的书柜层板每层高 30cm，最多不超过 40cm，深度则大约为 35cm。值得注意的是，一定要注意层板的承重力，如果采用活动层板的系统柜，容易因放置书籍过多过重而变形；若采用固定层板则较为坚固，但缺点是不能随意调整高度。独立书房里，书柜要考虑空间的大小。如果是小空间最好不要选择有柜门及柜体背板的书架，即便有门也最好是通透材质的，如玻璃；当家中有大面积的书柜时，可以用饰品来点缀局部单元格，以提高空间的层次变化。

在书房中摆放一个大书柜的好处，既能完成书籍的收纳，又不会令书籍落满灰尘。

利用收纳柜对书房用品进行有效收纳

　　拥有一个可以专门用于工作的收纳柜可以令办公区域整洁许多，但大量的资料和文件，需要有条理地收纳起来并且还要考虑是否便于查找。具有彩虹般色彩的文件夹可以为书房带来充满活力的视觉效果，七彩颜色也可以调节工作时的心情，使之更加愉悦。将这样的一组文件夹用小夹子固定在书架上，贴上分类的标签，挂在储藏柜的横杆上，是利用书柜空间的巧妙方法之一。

　　书房的一侧放置一个层次分明的开放式收纳柜，既可以摆放装饰品，用来调节居室的气氛，又可以将各种形式的收纳盒摆放其中，将一些琐碎的小物件收纳其中，使空间看起来既灵动，又不显杂乱。

利用书桌进行书房收纳的方式

要点	描述
考虑全面，再购买	在为书房选择书桌时，先不要着急购买，不妨先考虑一下书桌上要摆放什么物品，再决定书桌的深度及尺寸；接着再考量书桌四周要多少书架收纳书本、杂志，抽屉也要一并考量进去。考虑全面了，再购买书桌也不迟。
准备有提手的收纳盒	书桌通常不会有很多抽屉，有的甚至只有独立的一个大抽屉，放在里面的东西很容易会被翻乱。因此，至少要在抽屉里准备1～2个带有提手的收纳盒，这样在需要时，就可以轻松地把东西都拿出来，同时还要注意收纳盒中物品的归类存放。
化零为整来收纳	书桌抽屉空间有限，要尽量把抽屉里的空间留给大而整的物品，一些零散的小物品一定要单独归类存放，那些经常摆放在书桌上的收纳包、笔筒、小盒子等工具是最好的收纳道具，这样化零为整的方式才能更加有效地节省空间。

利用吊柜对厨房用品进行有效收纳

　　吊柜位于橱柜最上层，这使得上层空间得到完全利用。由于吊柜比较高，不便拿取物品，因此应在此放置一些长期不用的东西。一般可以将重量相对较轻的碗碟和锅具或者其他易碎的物品放在高处，易碎的物品放在高处也不用怕伤到孩子。为了保证存取物品的方便，又不易碰到头，吊柜和工作台面距离以 50cm 为宜，宽度以 30cm 为宜。

厨房中带有清玻璃的吊柜，既有一定的遮挡功能，也不会形成压迫，而整齐摆放的碗碟等物品一目了然，方便使用。

Tips：吊柜收纳的注意事项

　　传统吊柜多采用平拉式，打开柜门时既占用空间，又影响正常的料理操作，改良的手拉式则更便于拿取物品。而上掀式吊柜解决了操作不便的问题，找寻吊柜里的东西也比以前方便多了。水池上方的吊柜如果不按照人体工程学合理设计，拿放物品会非常费劲，其实按照业主的下厨习惯，可以加宽水池的宽度，然后将延展的宽度作为后操作台，同时降低吊柜的高度。虽然只改变了这一点，但就能把工作的强度降到最低。

利用地柜对厨房用品进行有效收纳

　　地柜位于橱柜的最底层，对于质量较重的锅具或厨具，不便放于吊柜里的，地柜便可轻而易举地解决。隔板是最为简单的收纳设计，却非常实用。简简单单的一两层隔板或搁架便能划分出灶台下面的空间，层数完全取决于个人的需要，用来存藏蒸锅或不锈钢盆等较大物品以及用收纳盒收纳厨房的零碎物品都非常适合。橱柜的灶台下面安装了一层隔板，这里是厨房中储藏大件器皿最为合适的空间。上层靠近灶台底部，可以用来收纳盘、碗等器皿，摆放高度也可随意调整；下层可储藏蒸锅等体积大些的金属器皿。不论是哪一型的橱柜，水盆下方都是最难被利用的一块区域，一般家庭大多将锅与清洁用品放置此处。值得注意的是，水盆下方比较潮，想要收纳干货的话一定要用密封性良好的收纳盒。

厨房设计一个由地柜组成的吧台，既完成收纳功能，又可以作为日常菜肴的临时放置平台。

利用立柜对厨房用品进行有效收纳

　　一般立柜的体积较大，所以它的收纳空间相对来说也就比较强大，可以把它作为收纳柜来运用，不太常用的物品都可以收纳其中，既节约了空间又使厨房显得整齐利落。而且立柜中都没有通体筐，是最高的收纳篮子，这些篮子和橱柜一般高，可以将物品分类储存，绝不杂乱。

厨房设置了较多的可供收纳的家具，充分利用空间立面进行收纳，其中的立柜收纳功能最大，且通过形式上的变化，丰富了厨房的视觉效果。

利用抽屉对厨房用品进行有效收纳

整体橱柜拥有众多尺寸不一的抽屉，为厨房带来明晰的物品分类。

  现今市场上的橱柜，柜子与抽屉的配置各不相同，在大开门的柜子与大小抽屉的组合中，抽屉的作用是显而易见的。一般来讲，抽屉有最为合理的功能分区，根据存放物品的不同，制作出隔板，其适用性一目了然。抽屉将下层储物空间进行了分层，根据一个地柜的高度被分解成 3 ~ 4 个抽屉，这样可以减少拿取物品时弯腰的次数和幅度，减少活动的频率。大的抽屉最适合用来放置一些大的物品，如锅、水壶等，开口式的设计非常便于取用。把橱柜的小抽屉分成几个格子，用来收纳小件的厨房用具或餐具。这样，既整齐，又非常便于找寻物品。

利用洗脸池下面的空间来完成卫浴收纳

  洗脸池下面的空间如果不好好利用，不但浪费，而且还容易令空间看起来空旷，因此不妨将其塑造成一个收纳空间。放入毛巾、牙刷、牙膏及各式洗浴用品，合理利用空间的同时，也更利于潮湿物品的干燥。

充分利用洗脸池下面的空间设计一个浴室柜，可以对日常洁具进行收纳。

沐浴区进行合理收纳的方式

方式	描述
设置嵌入式的小搁台	在淋浴房或者浴室的墙角处安设嵌入式的小搁台，不仅充分利用空间同时也有很好的装饰性，在洗澡时再也不必湿淋淋地跑出浴室，到外面来取遗忘的洗浴用具。
充分利用浴缸上面的空间	可以设置两层的搁架，既可摆放沐浴用品，又可摆放一些装饰品，让洗浴时间充满享受。
把浴缸放置在窗台旁边	能充分利用窗台的空间放置一些洗浴用品及一些装饰物。在浴缸前面安置横杆，把浴巾挂在上面，另外将洗浴用品放在搁板上。

一看就懂的装修设计书

组合式的衣帽柜是玄关收纳最佳的选择

组合式的衣帽柜是玄关收纳最佳的选择，可以在下面的柜体放置脱换的鞋子，平台部分正好可以坐在上面方便穿脱，上面的箱板钉几个挂钩，就能悬挂出门的行头、帽子和包，是快速整理妆容的好帮手。

玄关柜与墙面契合，带来收纳功能的同时，将边角完美隐藏，为空间带来流畅感。

利用楼梯下部空间进行有效收纳

楼梯下方通常有两种利用方式，一种是摆放衣帽柜与电视机，另一种就是用来收纳。可以定制固定的整体木柜嵌在楼梯下方，只要依照楼梯的斜度与宽度做好木柜的设计就行。柜子做成格状，既能看到里面放的物品，又不会觉得死板。根据楼梯台阶的高度错落，制作大小不同的抽屉式柜子，直接嵌在里面。

利用楼梯墙面，进行"挖洞"处理，并安置了镜面玻璃，来放大空间的视觉效果，同时作为酒杯、工艺品的安放处，无形中提升了空间的品位。